Beiträge zur Chemie

des

Thoriums.

INAUGURAL-DISSERTATION

ZUR

ERLANGUNG DER DOKTORWÜRDE

DER

HOHEN NATURWISSENSCHAFTL.-MATHEMAT. FAKULTÄT

DER

RUPRECHT-KARLS-UNIVERSITÄT ZU HEIDELBERG.

VORGELEGT VON

JOHANNES SCHILLING

AUS KÖLN A. RH., DEN 3. DEZEMBER 1901.

Inhalts-Verzeichnis.

I. Teil.

II. Teil.

Ueberblick
über die vorliegende Arbeit.

Die vorliegende Arbeit zerfällt in zwei Teile.

Im I. Teil ist zunächst eine historisch-litterarische Monographie über das Thorium, sein Vorkommen, chemisches Verhalten und seine Verbindung gegeben.

Sodann ist die Darstellung und Untersuchung einiger neuer Doppelsalze des Thoriums mit Chlor und Brom beschrieben, und zwar

von den Chloriden:

I. Das wasserhaltige Thoriumtetrachlorid der Formel $ThCl_4 9H_2O$.

II. Das Thoriumoxydichlorid der Formel
$$Th{(OH)_2 \atop CL_2} 8H_2O.$$

III. Das Thoriumoxytrichlorid der Formel
$$Th{(OH) \atop Cl_3} 11H_2O.$$

IV. Das Thoriumchlorwasserstoffsaure-Pyridin $(C_5H_5N)_2H_2ThCl_6$.

Durch dieses Salz wurde die Existenz der bisher noch unbekannten Thoriumchlorwasserstoffsäure nachgewiesen.

Von den Bromiden:

V. Das Thoriumoxydibromid der Formel
$$Th{(OH)_2 \atop Br_2} 11H_2O.$$

VI. Das Dithoriumtrioxypentabromid der Formel
$Th_2 \genfrac{}{}{0pt}{}{(OH)_3}{Br_5} 28H_2O.$

VII. Das Thoriumbromwasserstoffsaure-Pyridin
$(C_5H_5N)_2H_2ThBr_6.$

Durch dieses Salz wurde die noch unbekannte Thoriumbromwasserstoffsäure identifiziert.

Der II. Teil enthält:

I. Eine Uebersicht über die Litteratur, das Vorkommen, die mineralogische Beschaffenheit und die bisher ausgeführten Analysen der Thoritmineralien (Thorit und Orangit).

II. Die Analyse eines Thoritkrystalls. (Zwei Analysen).

III. Die Analyse eines Orangitkrystalls. (Drei Analysen).

IV. Quantitative Trennung mit Hydroxylamin von Thorium und Uran.

V. Quantitative Trennung mit Hydroxylamin von Eisen und Uran.

VI. Einige neue quantitative Fällungen des Thoriums durch organische Säuren und deren Salze.

———

Vorliegende Arbeit wurde im September 1899 begonnen und im Herbste 1901 vollendet.

Die experimentellen Untersuchungen im I. Teil über die Halogendoppelsalze des Thoriums wurden im Chemischen Laboratorium des Herrn Dr. A. Rosenheim, Berlin N., ausgeführt.

Die experimentellen Untersuchungen im II. Teil über die Thoritmineralien, sowie die quantitativen Trennungen und Reaktionen des Thoriums wurden im Heidelberger Universitäts-Laboratorium ausgeführt.

Der I. Teil der Arbeit wurde auf Veranlassung des Herrn Dr. A. Rosenheim, Privatdozent an der Universität Berlin, durchgeführt.

Der II. Teil wurde auf Anregung des Herrn Professor Dr. Paul Jannasch in Heidelberg ausgeführt.

Es ist mir eine angenehme Pflicht, auch an dieser Stelle den genannten Herren meinen herzlichsten Dank für die mir im Verlaufe dieser Arbeiten zu teil gewordene Unterstützung auszusprechen.

Einleitung.

1. Allgemeiner Teil.

Historisches.

Im Jahre 1885 wurde durch die höchst geniale und wirtschaftlich hervorragende Erfindung des Gasglühlichts durch Auer von Welsbach[1]) in Wien die Aufmerksamkeit der Chemiker auf eine Reihe von Körpern gerichtet, die bisher nur sehr wenig Beachtung gefunden hatten. Es waren dies die sogenannten seltenen Erden. Man versteht hierunter eine Anzahl schwer reduzierbarer Oxyde, deren chemische und physikalische Eigenschaften sich ausserordentlich wenig unterscheiden.

Das wichtigste dieser Oxyde ist die sogenannte Thorerde. Auer von Welsbach hatte gefunden, dass diese schon bei der Temperatur der Bunsenflamme weissglühend wird und Lichtstrahlen jeder Brechbarkeit aussendet. Die geschickte Benutzung dieser Eigenschaft brachte sehr bald, wie allgemein bekannt, einen grossen Umschwung in der ganzen Beleuchtungstechnik hervor und dies hatte zur Folge, dass sich das allgemeine Interesse der Chemiker aller Länder diesen bis dahin ziemlich stiefmütterlich behandelten Stoffen mehr zuwendete.

---

[1]) D. R.-P. No. 39162, 41945, 44016, 1885.

Da die Litteratur über die Chemie dieser Körper ausserordentlich zerstreut und nirgendwo irgendwie im Zusammenhang aufgeführt ist, so habe ich es unternommen, vom typischsten und bedeutendsten dieser Grundstoffe, dem Thorium, ein möglichst umfassendes Bild seines chemischen Verhaltens und seines Auftretens in der Natur in einer kurzgefassten historisch-litterarischen Monographie zu geben.[1])

Ich habe dabei vor allem Wert auf eine möglichst genaue Angabe aller einschlägigen Litteratur gelegt und mich jeder weiteren Ausführung enthalten.

Im speciellen Teil dieser Arbeit folgen dann einige neue Thoriumverbindungen, welche von mir dargestellt und untersucht worden sind.

Entdeckung des Thoriums.

In den Jahren 1814 und 1815 stellte Berzelius[2]) Versuche mit einigen bei Finbo in der Nähe von Fahlum (Schweden) vorkommenden Verbindungen von Flussspathsäure mit Ceroxyd und Yttererde an. Er glaubte dabei eine neue Erde gefunden zu haben, die er für das Oxyd eines bisher unbekannten Elementes hielt, das er „Thorium" nannte, nach dem altgermanischen Gotte Thor.

Berzelius besass jedoch nur eine sehr geringe Menge (kaum 0,5 g) dieser Substanz, so dass ihm eine ausführliche Untersuchung unmöglich war. Er verglich sie mit der Zirkonerde, welcher sie am meisten

---

[1]) Nachdem ich diese Arbeit vollendet hatte, ist im September 1901 eine Arbeit „Die Chemie des Thoriums von Dr. J. Koppel" erschienen, in welcher die Litteratur über das chemische Verhalten des Thoriums zusammengestellt ist, in der aber das mineralogische Vorkommen desselben nicht berücksichtigt wurde.

[2]) Afhandl. i. Fysik, kemi och Mineralogie, V. St. S. 76.

zu gleichen schien, und argwöhnte darum immer, dass diese Erde eine Verbindung von Zirkonerde mit irgend einer feuerfesten Säure sei.[1])

Bei Untersuchungen, die Berzelius [2]) im Jahre 1824 mit Flussspathsaurer Zirkonerde anstellte, wiederholte er die Versuche mit der vermeintlichen Thorerde nochmals. Er fand dabei, dass es zwar nicht Zirkonerde sei, aber auch keine neue Erde, sondern basisch phosphorsaure Yttererde.

Es gelang ihm, dies vermittelst der damals neu aufgekommenen Lötrohrprobe zur Entdeckung der Phosphorsäure nachzuweisen.

Im Jahre 1829 erhielt Berzelius [3]) von dem berühmten Mineralogen Professor Jens Esmark zu Christiania ein neues Mineral zur Untersuchung zugesandt, das von dem Probste Esmark, einem Sohn des Mineralogen, auf Lovon, einer in der Nähe der Stadt Brevig in Norwegen im Meere gelegenen Insel, im Syenite entdeckt worden war.

Dieses Mineral bestand zu mehr denn 50 % aus einer Erde, welche so viele Eigenschaften der vormaligen Thorerde besass, dass Berzelius anfangs glaubte, es mit dieser zu thun zu haben und er darum den Namen „Thorerde" beibehielt. Er fand jedoch späterhin, dass dies nicht der Fall sei, sondern es sich jetzt thatsächlich um eine neue Erde handele.

Da nun der Name „Thorerde" einmal in die Wissenschaft aufgenommen war und die ältere Beschreibung meistenteils auf die neue Erde passte, so beliess Berzelius derselben diesen Namen und nannte dement-

[1]) Jahresbericht der K. Akadem. 1882 p. 10.
[2]) Abh. der K. A. d. Wissenschaft 1824 St. II. Pogg. Ann. 4, 1 u. 143, 1825.
[3]) K. Vetensk. Academ. Handlingar, 1829, St. I. Pogg. Ann. 15. 633. 1829 u. 16. 385.

sprechend das Element „Thorium" und das Mineral „Thorit".

Berzelius[1]) hat dann die Thorerde, ihr chemisches Verhalten und die Salze des Thoriums eingehend untersucht. Das Thorium galt als ausserordentlich selten, da es anscheinend nur im Thorit vorkam. Es wurde aber dann 1833 von Wöhler[2]) zu 5 % in dem von Humboldt mitgebrachten Pyrochlor von Miask in Sibirien entdeckt. Der Gehalt desselben an Thorerde wurde zwar 1845 von Hermann[3]) geleugnet und die Beobachtung für Irrtum erklärt.

Wöhler[4]) fand aber bei nochmaligen genauen Untersuchungen seine Angabe für richtig, was dann auch vom Entdecker des Thoriums, Berzelius, bestätigt wurde.

Sodann fand 1850 Bergemann[5]) in Bonn Thorium in dem von Dr. A. Krantz[6]) entdeckten Orangit, ein Mineral, das diesem für Fnkelit (Eukolit) geliefert wurde, in Wirklichkeit eine Abart des Thorits ist. (Das Verhalten von Thorit und Orangit zu einander wird im zweiten Teile dieser Arbeit „Untersuchungen über die Thoritmineralien" noch näher besprochen werden.)

Bergemann[7]) glaubte zuerst im Orangit ein neues Element, das nach dem Gotte Donar, dem nordischen Thor, benannte „Donarium" entdeckt zu haben. Es

---

[1]) Eb. dt.
[2]) Pogg. Ann. 27. (103) 80.
[3]) Pogg. Ann. 70. 336.
[4]) Nachr. v. d. Gött. A. Univers. etc. 1846, No. 18.
[5]) Pogg. Ann. 82. 561.
[6]) Pogg. Ann. 82. 586.
[7]) Pogg. Ann. 82. 561.

wurde aber 1852 von Damour[1]) in Paris, Berlin[2]) in Lund und Bergemann[3]) in Bonn selbst als Thorium erkannt. Dann fanden Mosander und Chydenius[4]) Thorium im Euxenit von Arendal, Hermann[5]) im Aeschynit und im Samarskit. Auch im Gadolonit, Orthit und Wasit, — Mineralien, welche der Cergruppe angehören — findet sich nach Bahr[6]), Auer von Welsbach[7]) und Bettendorf[8]) Thorium. Auch hierin glaubte Bahr[6]) 1862 zuerst ein neues Metall gefunden zu haben, das er zu Ehren Gustav Wasas „Wasium" nannte; er überzeugte sich aber bald, dass es identisch mit Thorium ist.

Neuerdings haben Hidden und Mackintosh[9]) einige neue, sehr thoriumreiche Mineralien aufgefunden.

I. Den Auerlit, welcher am Green River in Henderson County, N.-Carolina, vorkommt und ein Thorerdesilikatphosphat von citrongelber bis braunroter Farbe, tetragonal krystallisiert, vorstellt, mit 70 % Thorerde.

II. Den Yttrialit vom Coloradoflusse, Leano County, Texas, ein Yttriumthoriumsilikat von olivengrüner Farbe.

III. Den Nivenit, ein gewässertes Thorium - Yttrium-Bleiuranat von samtschwarzer Farbe.

---

[1]) Compt. rend. F. 34, p. 685. 1852.
[2]) Pogg. Ann. 85. 557 u. 87. 609.
[3]) Pogg. Ann. 85. 558.
[4]) Kemisk undersökning af Thorjord och Thorsalter. Helsingfors 1861. Pogg. Ann. 119. 43.
[5]) Pogg. Ann 40. 21. 28. 93.
[6]) Ofversigt af k. Vetensk. Acad. Förhandl. 1862. p. 415. Ann. Chem. Pharm. 132, 227.
[7]) Monatsh. f. Chem. IV. 7 u. V. 1. 1884.
[8]) Liebigs Annal. p. 159, 1890. Chem. Phar. 256.
[9]) Am. Journ. of Science. 3, 36, 461—463, 38, 474,

Von Bedeutung für unsere jetzige Industrie war
vor allem das Vorkommen von Thorium im Monazit,
welches von Kersten [1]) entdeckt wurde.

Nach und nach hat sich die Anzahl der Mineralien,
in denen das einst für so selten gehaltene Thorium
gefunden wurde, nach meiner Schätzung bis auf nahe-
zu 50 gesteigert.

In nachstehender Tabelle habe ich sämtliche
thoriumhaltigen Mineralien, welche mir bei einem ein-
gehenden Studium der Litteratur bekannt geworden
sind, zusammengestellt.

In derselben sind kurz die Zusammensetzung der
Mineralien, ihr Prozentgehalt Thoriumoxyd, ihr Vorkommen und die Forscher, welche in denselben das
Thorium nachgewiesen haben, unter Angabe der Litteratur aufgeführt. Bei der Ausarbeitung dieser Tabelle
bediente ich mich vornehmlich der mineralogischen
Werke von Brögger [2]), Dana [3]), Hintze [4]) und Rammelsberg [5]), sowie der Zeitschrift für Krystallographie von
Groth und sind die betreffenden Litteratur-Angaben
mit den entsprechenden Anfangsbuchstaben Br., D.,
H., R. bezeichnet; im andern Falle sind die Angaben
direkt der Original-Litteratur entnommen.

---

[1]) Pogg. Ann. 47, 385.

[2]) W. C. Brögger. Die Mineralien der Syenitpegmatitgänge der südnorwegischen Augit-Nephelinsyenite, mit analytischen Beiträgen von P. T. Cleve. Zeitschr. f. Kryst. Bd.
16, = Br.

[3]) J. D. Dana. A. System of Mineralogy. Seventh
Edition. New-York. 1885. = D.

[4]) C. Hintze. Handbuch der Mineralogie, II. Bd. Silicate
und Titanate. 1897. = H.

[5]) C. F. Rammelsberg. Handbuch der Mineralchem.
Egänzungshefte. 1875—1895. = R.

Nr.	Mineral	Zusammensetzung	%ThO₂	Vorkommen	Untersucht von
1	Aeschynit	Sn. Ti. Th. Nb. Ce. La. Di. Y. Ca. Fe. H₂O.	22,90	Miask. Ural	Hermann[1]
	„	—	15,75	„ „	Mariagnac[2]
	„	—	17,55	„ „	Rammelsberg[3]
	„	—	10,00	Norwegen	Schmelk[4]
2	Ancylit	CO₂. Th. Ce. La. Di. Fe. Mn. Sr. Ca.	0,20	—	R. Mauzelius[5]
3	Annerödit	Si. Nb. Ur. Zr. Th. Sn. Ce. Y. Al. Fe. Mn. Ca. Mg. K. Na. Pb. H₂O.	2,37	Anneröd bei Moos, Norwegen	Blomstrand[6]
4	Auerlit	Th. Si. P. CO₂. H₂O.	70,13 72,16	Henderson am Green River	Hidden u. Mackintosh.[7]
5	Bröggerit	Ur. Pb. Fe. Ca. Th. Si. Y. Er. Ce. H₂O.	5,64	Anneröd	Blomstrand[8]
	„	—	4,66 5,27	„	Hofmann u. Heidepriem[9]
6	Calciothorit	Si. Th. Ce. Y. Al. Mn. Ca. Mg. Na. H₂O.	59,35	Laven u. Aro	Brögger u. Clève[10]
7	Cappelenit	Si. B. Y. La. Ce. Th. Ba. Ca. Na. K.	0,80	Klein Aro	1879. Dieselb.[11]

[1] Bull. Soc. Nat. Moscou. 39. 55. 1866. u. 38. 472. — Journ. f. pr. Chem. 49. 288. D.

[2] Bib. Unv. Genève. Aug. 25. 1867. p. 286, D. — Arch. Sc. ph. nat. 1867 R.

[3] Monatsb. Ber. Akad. 1877. 656. — Zeitschr. d. geolog. Ges. 29, 815. R.

[4] Zeitschr. f. angew. Chem. 95. 542.

[5] Bull. Soc. franc. Mineral 23. 25—31. 33—34, Chem. Centralbl. 1900. I. 1304.

[6] Geol. Fören. Förhandlingar 5. 354. 1881 R.

[7] Americ. Journ. of Science 3, 36, 461—463 u. 1891. X. 41, 438.

[8] Geol. Fören. Förhandlingar 7, 59, 1884. — Journ. f. pr. Chem. (2) 29, 191 R.

[9] Ber. d. Dtsch. Chem. Ges. 34, 914.

[10] Geol. Fören. i. Stockholm Förhandl. 5, 259. 1887. Brögg. Zeitsch. f. Kr. 16, 127.

[11] Geol. Fören. i. Stockholm Förhandl. 7, 599. 1885. Brögg. Zeitsch. f. Kr. 16, 463.

Nr.	Mineral	Zusammensetzung	$\%\mathrm{ThO_2}$	Vorkommen	Untersucht von
8	Cerit	Si. Ce. La. Di. Y. Er. Zr. Ti. Th. Ur. P. Ca. Fe. Cu. S. H_2O.	0,73	Batoum. Kaukas	M. Tchernik[12]
9	Cleveit	Ur. Pb. Fe. Ca. Th. Y. Er. Ce. H_2O.	4,71	Garta bei Ar	Nordenskjöld u.Lindström[13]
	„	—	4,60	Moos	Blomstrand[14]
10	Cordylit	CO_2. Th. Ce. La. Di. Fe. Ba. Ca.	0,30	—	R. Mauzelius[5]
11	Erdmannit	Si. Zr. B. Ce. La. Di. Y. Er. Fe. Be. Ca. K. Na. H_2O.	9,93	Stocko Norw.	Engström[15]
12	Eukrasit	Si. Ti. Sn. Zr. Mn. Th. Ce. La. Di. Y. Er. Fe. Al. Ca. Mg. K. Na.	35,96	Brevig	S. R. Paiykull[16]
13	Euxenit	Nb. Ta. Y. Th. Ti. Pb. Ur. Zr. Al. Fe. Si.	6,28	Arendal	Chydenius[17]
	„	—	3—4	Norwegen	Schmelk[18]
14	Fergusonit	Ta. Nb. Y. U. Fe. Ca. Pb. Fl. H_2O.	3,88 u.0,88	Llano,Texas	Hidden[19]
15	Freyalith	Si. Ce. La. Th. Al. Fe. Mn. Na. H_2O.	28,39	Barkevik- scheeren S. Norw.	1878. Esmark u. Damour[20]
16	Gadolinit	Si. Y. Ce. Fe. Ca. Er. La. Di. Th. Al. Mg. K. Na. H_2O.	1,00	Ytterby	Bahr[21]

[12] Truchot, Les Terres rares. S. 8.
[13] Rammelsberg, H. d. Mineralchemie. Erg. 1. 247.
[14] Geol. Fören. Förhandlingar 7, 59, 1884. — Journ. f. pr. Chem. 137. 200.
[15] Inaug. Diss. Upsala, 1877. — Groths Zeitschr. f. Kryst. 3. 199 H.
[16] Geol. Fören. Förhandl. 3, 350—351. 1877. Br.
[17] Bull. Soc. chim. (2) 6, 433. R.
[18] Zeitschr. f. angew. Chemie. 15. 443.
[19] Am. Journ. Science (3) 38. 477 R.
[20] Bull. d. l. soc. min. d. France 1, 33—35. Br.
[21] Oefversigt af K. Vetensk. Acad. Förhandl. 1862, p. 415.

Nr.	Mineral	Zusammensetzung	$\%ThO_2$	Vorkommen	Untersucht von
16	Gadolinit	—	ca.1,00	Norwegen	Auer v. Wels-bach[22])
	„	—	0,50	Norwegen	Schmelk[23])
	„	—	0,58	Llano,Texas	Bettendorf[24]) und Eakins[25])
	„	—	0,8 } 0,9 }	Colorado. Douglas	Eakins[25])
	„	—	0,35	Hittero	Blomstrand[26])
	„	—	0,40	„	Petersson[27])
	„	—	0,32	Ytterby	Blomstrand[26])
	„	—	0,25	„	Wallen[28])
	„	—	0,26	Broddbo	Petersson[27])
	„	—	0,83	Carlberg, Schw.	„
	„	—	0,88	Malo. Norw.	„
17	Johnstrupit	Si. Ti. Zr. Th. Ce. La. Di. Y. Al. Fe. Mn. Ca. Mg. Na. K. Fl. H_2O.	0,79	Barkevik-scheeren. Lange-sundfjord	Brögger und Bäckström[29])
18	Karyocerit	Si. Ta. P. C. B. F. Zr. Ce. Th. Al. Fe. Mn. Di. La. Y. Ca. Mg. Na. H_2O.	13,64	Stokoe	Brögger u. Clève[30])
19	Kochelit	Si. Al. Nb. Zr. Th. Y. Fe. Ca. Ur. Pb. H_2O.	1,23	Schreiber-hau(Schle-sien)	Websky[31])

[22]) Monatshefte f. Chem, IV, 7 und V. 1. 1884.

[23]) Zeitschr. f. angew. Chemie 15, 443.

[24]) Liebigs Ann. Chem. Pharm. 256 p. 159. 1890.

[25]) Proc. Col. science Soc. II. 1. 32. H.

[26]) Geol. Fören. Förhandl. 8. 442. — Oefv. vet. H. 1887. 436. R.

[27]) Oefv. vet. H. 1888. — Geol. Fören. Förhandl. 12. — Studier öfver Gadoliniten, 1890. R.

[28]) Ram. Handb. d. Mineralchem. E. 2. 272.

[29]) Groth. Zeitschr. f. Kryst. 16, 81.

[30]) Groth. Zeitschr. f. Kryst. 16, 479.

[31]) Ram. Handb. d. Mineralchem. p. 366.

Nr.	Mineral	Zusammensetzung	%ThO₂	Vorkommen	Untersucht von
20	Koppit	Mo. Nb. Ce. Ca. Mg. Fe. Mn. K. Na. Fl. H₂O.	10,81 x	Schelingen a.Kaiserstuhl	Bromeis[32])
	„	—	10,10 x	„	A. Knop[33])
21	Mackintoshit	P. U. Si. Th. Ce. Y. Al. Fe. Ca. Mg. Pb. Na. Li. K. H₂O.	46,18	Llano, Texas	Hillebrand[34])
22	Melanocerit	Si. Ta. P. C. B. F. Zr. Ce. Th. Al. Fe. Mn. Ce. Di. La. Y. Ca. Mg. Na. H₂O.	1,66	Langesund- fjord	Brögger und Clève[35])
23	Mosandrit	Si. Ti. Zr. Th. Ce. Y. Fe. Mn. Ca. Mg. Na. K. F. H₂O.	0,34	Laven b. Brev.	Brögger und Bäckström[36])
	„	—	0,32?	„	Berlin[37])
24	Nivenit	Th. Y. Ur. Pb.	70,13	Llano,Texas	Hidden und Mackintosh.[38])
25	Orangit	Si. Th. Fe. Ur. Pb. Mn. Al. Ca. K. H₂O.	71,25	Brevig	Bergemann[39])
	„	—	71,65	„	Damour[40])
	„	—	73,29	„	Berlin[41])
	„	—	73,80	„	Chydenius[42])¡

[32]) Hdw. d. Chem. 6, p. 708.
[33]) Der Kaiserstuhl im Breisgau. p. 45.
[34]) Am. Journ. Science. (3) 46. 98. R.
[35]) 1887. Brögger, Geol. Fören i. Stockholm. Förhandl. 9. 256. Br.
[36]) Groths Zeitschr. f. Kryst. 16. 80. Br.
[37]) Th. Ce. Ytt. La, Di. zusammen 26,56 %. Pogg. Ann. 88, 156. Br.
[38]) Americ. Journ. of Sc. 38. 474.
[39]) Pogg. Ann. 82. 586. 85. 560.
[40]) Recherch. chim. sur un nouvel oxyde 1852. — Ann. d. mines, 1. Sér. 5. 587. — Compt. rend. 34. 685. — Pogg. Ann. 85, 555.
[41]) Pogg. Ann. 85, 557, 87. 608.
[42]) Kemisk undersökning af Thorjord och Thorsalter, Helsingfors 1861. Pogg. Ann. 119, 43.

x) mit Cer.

Nr.	Mineral	Zusammensetzung	%ThO₂	Vorkommen	Untersucht von
26	Orthit	Si. Al. Fe. Ce. Di. La. Y. Er. Fe. Mn. Ca. Mg. K. Na. Th. H₂O.	0,87	Hitteroe	Engström[43]
	"	—	0,95	"	Clève[43]
	"	—	1,14	Näskilen bei Arendal	Engström und Clève[43]
	"	—	2,49	Alve bei Arend.	Engström[43]
	"	—	Spur	Buoe bei Arend.	Clève[43]
	"	—	"	Krageroe	Engström und Clève[43]
	"	—	1,06	Stockholm	Engström[43]
	"	—	1,34bis 1,5	Eriksberg (Schweden)	Clève[43]
	"	—	Spur	Katagabacke	Clève[43]
	"	—	1,51	Korsbarshagen	Clève[43]
	"	—	Spur	Ytterby	Engström und Clève[45]
	"	—	1,12bis 1,63	"	Engström und Clève[45]
	"	—	0,98bis 0,99	Vasit,Stockh.	Engström[43]
	"	—	3,48	Tunaberg	Erdmann[44] und Clève[43]
	"	—	0,18	Slättakra	Engström[43]
	"	—	1,17	Grönl. Egedes Minde	Engström[43]
	"	—	0,33	Grönland	Clève[43] [46]
	"	—	0,31	Chester	Engström[43]
	"	—	0,17	Nelson	Memminger[45]

[43] Groths. Zeitschr. f. Kryst. 3, 194. H.
[44] Akad. Stockholm, 1849. H.
[45] Am. chem. Journ. 1885. 6. 172. H.
[46] Genth. Am. Journ. Sc. (3). 41, 111. R.

Nr.	Mineral	Zusammenstellung	%ThO₂	Vorkommen	Untersucht von
26	Orthit	—	0,21	Colorado. Dougas	Eakins[47]
	„	—	2,49	Alvoe bei Ytterby	Bahr[48]
27	Polymignit	Si. Ti. Sn. Zr. Nb. Ta. Th. Ce. La. Di. Y. Er. Al. Fe. Mn. Ca. Mg. Pb. K. Na. H₂O.	3,92	Frederiks- värn	Brögger und Blomstrand[49]
28	Pyrochlor	Nb. Ti. Th. Ce. Y. Ca. Fe. Na. Fl. H₂O.	5,00	Miask	Wöhler[50]
	„	—	8,88	„	Hermann[51]
	„	—	7,56	„	Rammelsberg[52]
	„	—	6,65	„	Rammelsberg[53] Knop[54]
	„	—	5,55	Brevig	Wöhler[50]
	„	—	4,62	„	Chydenius[55]
	„	—	4,96	„	Rammelsberg[52]
	„	—	4,36	„	Rammelsberg[53] Knop[54]
	„	—	0,41	Alvoe	Holmquist[56]
29	Rowlandit	Fl. Si. Ce. La. Di. Y. Fe. Mn. Mg. Th. Fe. R. Ca. CO₂. H₂O.	0,98	Llano, Texas	Hillebrand und Hidden[57]
30	Samarskit	W. Sn. Th. Zr. Nb. Y. Ce. Ur. Fe. Ca. Mg. H₂O.	6,05	Miask	H. Rose, Finkener und Stephens[58]

[47]) Procceed. Color. sc. Soc. II. 1. 32. H.

[48]) Oefversigt af K. Vetensk. Acad. Förhandl. 1862, p. 415.

[49]) Groths Zeitschr. f. Kryst. 16, 391.

[50]) Pogg. Ann. 27. 80. u. 7, 417.

[51]) Journ. f. pr. Chem. 31, 94. 50, 185. 68, 96. 95, 108.

[52]) Monatsber. Ber. Akad. 1871. April und November. R.

[53]) R. Handbuch der Mineralchemie. Er. 1. 192.

[54]) Zeitschrift der Geol. Gesellschaft. 23. 656. R.

[55]) Kemisk undersökning af Thorjord och Thorsalter, Helsingfors 1861. Pogg. Ann. 119. 45.

[56]) Geol. Fören. Förhandl. F. 15. 588. R.

[57]) Americ. Journ. Sciences (3) 46. 208.

[58]) Pogg. Ann. 118. 497. Rose. in Verh. Min. St. Petersburg, 1863. 13.

Nr.	Mineral	Zusammensetzung	%ThO$_2$	Vorkommen	Untersucht von
30	Samarskit	—	3,60 / 3,64	DevilsHead Mt. Dougl. Col.	Hillebrand[59]
	„	—	2,83	Ytterby	Hermann[60]
31	Steenstrupin	Si. Ta. Fe. Al. Th. Mn. Ce. La. Di. Ca. Na. H$_2$O.	7,09	Klanger- dluarsuk. Grönland	Lorenzen[61]
32	Tachya- phaltit	Si. Zr. Th. Al. Fe. H$_2$O.	12,32	Krageroe, Norw.	Berlin[62]
33	Thoro- gummit	Ur. Th. Si. Ce. Y. Pb. H$_2$O.	41,44	Llano,Texas	Hidden und Mackintosh.[63]
34	Thorit	Si. Th. Ur. Pb. Fe. Mn. Al. Ca. Mg. Na. H$_2$O.	58,91	Brevig,Lovo	Berzelius[64]
	„	—	57,00	„	Bergemann[65]
	„	—	48,66	Hitteroe	Lindström[66]
	„	—	50,06	Arendal	Nordenskjöld[67]
	„	—	52,07	Champlain- see	Collier[68]
35	Tritomit	Si. Zr. Th. Ce. Ta. La. Di. Y. Fe. Mn. Al. B. Ca. Na. Fl. H$_2$O.	9,51 / 8,58	Brevig Barkevik	Nils Eng- ström[69]
36	Tschew- kinit	Ca. Fe. Di. Ce. La. Si. Ti. Th.	20,91	Miask	Hermann[70]

[59]) Proc. Col. Sc. Soc. 1888. R.

[60]) Bull. Soc. Nat. Moscou. 38. 358. D.

[61]) Meddel. om Grönl. Kopenh. 1881. 2. 73. Min. Soc. London, 1882, 5, 67. Groths Zeitschr. f. Kryst. 7, 610. H.

[62]) Pogg. Ann. 88, 160.

[63]) Americ. Journ. of Sc. 38, 474.

[64]) Vet. Acad. Handl. S. 1 ff. — Pogg. Ann. 15, 633. 16, 383.

[65]) Pogg. Ann. 85, 558.

[66]) Geol. Fören. Förhandl. 5, 500. 1881. R.

[67]) Geol. Fören. Förhandl. 3, 226. 1876.

[68]) Americ. Journ. Sc. (3). 21, 161.

[69]) Undersökning af nagra mineral etc. Inaug. Diss. Upsala, 1877: Gro ths Zeitschr. f. Kryst. 3, 200.

[70]) Bull. soc. Moscou, 1866, 39, 57. — Journ. f. pr. Chemie, 97, 345. H.

Nr.	Mineral	Zusammensetzung	%THO₂	Vorkommen	Untersucht von
36	Tschewkinit	—	14,40	Coromandel	Hermann[71]
	„	—	2,29	Nelson. Col.	Price[72]
37	Uranophan			Gartabruch	
	Uranotil	Si. Th. Ur. Ca. Pb.	3,5	b. Arendal	Nordenskjöld[73]
38	Uraninit			Huggeräs-	
	(Uranpe-	U. Si. Th. Pb. Fe. Ca.		killen bei	
	cherz)	Y. O.	6,63	Moos	Hillebrand[74]
	„	—	2,78 / 3,04	Mitchell,Col.	„
	„	—	7,20 / 7,26 / 6,52	Branchville „	„
	„	—	4,71	Garta bei Arend.	Lindström[75]
	„	—	5,64	Anneröd bei Moos	Blomstrand[76]
	„	—	6,28	„	Hillebrand[74]
	„	—	7,57	Llano,Texas	Hidden[77]
	„	—	7,03	„	Hillebrand[74]
	„	—	8,56 / 10,00	Elvestad b. Moos.	„
	„	—	8,98 / 4,15	Skraeborg b. Arendal.	„
	„	—	9,57 / 9,78 / 10,31 / 9,79 / 11,10	Middletown. Conn.	„
	„	—	7,59	Blak Hawk. Col	„
	„	—	1,85	Marietta,S.C.	„
	„	—	1,41	Villeneuve, Can.	—

[71] Bull. soc. Moscou, 1868. 105, 332. H.
[72] Americ. Chem. Journ. 1888. 10. 38. R.
[73] Geol. Fören. Förhandl. 7, 121. 1884. R.
[74] Americ. Journ. Sc. (3) 40. 384. 42. 390 R.
[75] Geol. Fören. Förhandl. 4, 28 R.
[76] Geol. Fören. Förhandl. 7, 94. — Journ. f. prakt. Chemie, 2, 29, 191 R.
[77] Americ. Journ. Sc. (3) 38, 495.

Nr.	Mineral	Zusammensetzung	$\%_0ThO_2$	Vorkommen	Untersucht von
39	Uranothorit	Si. Th. Ur. Pb. Fe. Mn. Al. Ca. Mg. Ce. Y. P. H₂O.	50,06	Arendal	Nordendskjöld[78])
	„	—	48,66	Hitteroe	Lindström[79])
	„	—	52,53	Landboe Norw.	Hidden[80])
	„	—	52,07	Champlain-see	Collier[81]
40	Wasit	Si. Al. Y. Fe. Ce. Di. Ca. Mg. Na. K. Th.	1,00	Rönsholm b. d. Resa-reoeschee-ren von Stockh.	Bahr[82])
	„	—	0,98	„	Engström[83])
	„	—	0,94	Achmatonsk. Russ.	Hermann[84])
41	Xenotim	P. Si. Sn. Th. Ce. Y. Fe. Ca. H₂O.	0,49	Aröscheeren Lange-sundfjord	Brögger und Blomstrand[85]
	„	—	3,33	Hvalö.	Blomstrand[86])
	„	—	2,43	Narestö, Arend!	„
42	Yttrialith	Si. Th. Y. Ce. Fe. Ca. Ur. Di. Pb. Al.	12,5 12,8	Llano,Texas	Hidden und Mackintosh.[87])
43	Yttroilmenit	Ta. Cb. Ti. Th. Ur. Y. Ce. La. Di. Fe. Mn. Mg. Ca. H.	2.83	Ytterby	Hermann[88])

[78]) Geol. Fören. i. Stockholm. Förhandl. III. Nr. 7, 1876.
[79]) Geol. Fören, Förhandl. III. 500, 1881.
[80]) Americ. Journ. Sc. 1891. 41. 439. — Groths Zeitschr. f. Kryst. 22. 421.
[81]) Americ. Journ. Sc. (3). 21. 161.
[82]) Oefversigt af K. Vetensk. Acad. Förhandl. 1862, p. 415. — Pogg. Ann. 132, 227.
[83]) Groths Zeitschr. f. Kryst. 3, 194.
[84]) Bull. soc. Moscou, 1862, Nr. 3. 248.
[85]) Groths Zeitschr. f. Kryst. 16. 68.
[86]) Geol. Fören. Förhandl. 9, 185.
[87]) Americ. Journ. of Sc. 3, 38. 474—486.
[88]) Bull. Soc. Nat. Moscou, 38, 358.— Journ. f. pr.Chemie, 38, 119.1846. D.

Diese die grössten Mengen von Thorium ent-
haltenden Mineralien wurden zur Zeit in Norwegen,
wo sie — wie aus der Tabelle ersichtlich — am meisten
vorkommen, fieberhaft gesucht, so dass ihre Lagerstätten jetzt erschöpft sind. Die Industrie, welche
von Jahr zu Jahr mehr Thorium braucht, hat bald ein
anderes Mineral dienstbar gemacht, aus dem das Thorium gewonnen wird, und zwar in dem von Kersten[1])
entdeckten Monazit.

Monazit.

Vor noch nicht vielen Jahren wurde der Monazit
als eines der seltensten Mineralien der Erdrinde betrachtet, wie auch die griechische Ableitung seines
Namens „einsam vorkommend" besagt.

Der sogenannte Monazit besteht im wesentlichen
aus Ceriumphosphat, bei dem ein Teil des Cers durch
Lanthan, Didym und Thorium vertreten ist. Es waren
vor allem die Untersuchungen schwedischer und däni-
scher Chemiker, die die Aufmerksamkeit auf dieses
Mineral lenkten. Die zuerst bekannten Lagerstätten
befanden sich in Schweden und Norwegen. Weitere
Untersuchungen aber, zu welchen die Glühlicht-
industrie anregten, ergaben, dass es auch sonst in der
Natur auf das reichlichste vorhanden war.

Während der letzten Jahre entdeckte man den
Monazit als accessorischen Bestandteil eruptiver Gra-
nite, Diorite und in Gneissen, in weit von einander
getrennten Plätzen der Erdoberfläche, in den Vereinigten Staaten, Canada, Süd-Amerika, England, Schweden, Norwegen, Finnland, Russland, Belgien, Frankreich, Schweiz, Deutschland, Oesterreich und Austra-
lien (Neu-Seeland).

---

[1]) Pogg. Ann. 47, 385.

Er bildet jedoch meist nur einen geringen Teil des
Gesteins, in vielen Fällen nur durch das Mikroskop
auffindbar. Die für Handel und Industrie in Betracht
kommenden Monazit-Ablagerungen sind diejenigen,
welche sich im Schwemmsand der Flüsse und deren
Untergründen, sowie in Sand-Ablagerungen längs der
Seeküste finden. Solcher Sand wird Monazitsand ge-
nannt, und seine Gewinnung ist im letzten Jahrzehnt
zu einer bedeutenden Industrie geworden.

Für die Gewinnung obenan steht Brasilien. Im
Süden Bahias, unter 17⁰ südl. Breite kommt ein Sand
vor, der ca. 80 % Monazit enthält und so direkt ge-
graben und verladen werden kann. Der brasilianische
Monazit bildet abgerundete, bernsteingelbe Fragmente
oder im Geschiebesand vorkommende lederbraune
Bohnen[1]).

Als Fundorte der thoriumreichen Monazitbohnen
giebt R. J. Gray[2]) die Diamantdistrikte von Rio Chico,
Villa Bella, Guyaba und Goyaz an, wo sie in uner-
schöpflicher Menge neben Thorit, Orangit, Ferguso-
nit, Auerlit, Gummit usw. mit bis zu 7 % Thorgehalt
vorkommen.

In den Vereinigten Staaten findet sich der Monazit hauptsächlich in den Schwemmsandablagerun-
gen von Nord- und Süd-Carolina vor. Der Wert des
Monazitsandes beruht einzig und allein auf seinem
Thoriumgehalt, und dieser ist ein ausserordentlich
wechselnder.

Nachstehend habe ich eine Tabelle über die mir
bekannt gewordenen Monazituntersuchungen nach dem
Vorkommen zusammengestellt. Wie aus derselben zu
ersehen, schwankt der Prozentgehalt ThO_2 ganz

[1]) Vergl. auch B. C. Nitze, Journ. f. Gas- und Wasser-
Versorgung. 34. Jahrg. 1896. p. 88.
[2]) Chem. Zeit. 1895. S. 705.

ausserordentlich (zwischen 32 % und 1 %), und zwar
sind auch die Angaben über den Thorgehalt im Monazit aus ein und derselben Gegend ausserordentlich verschieden.

Nr.	Vorkommen	%Th.O_2	Untersucht von
1	Slatoust, Ural	17,95	Kersten[1]
2	„ „	32,45	Hermann[2]
3	Miask, Ilmengebirge, Ural	5,49 5,55 5,62	Blomstrand[3]
4	„	17,82	„
5	„	16,64	„
6	Impilaks, Ladogasee,	5,65 9,50	W. Ramsay und Zilliacus[4]
7	Nya Kararfvet, Schweden	8,31	Blomstrand[5]
8	Holma bei Luhr N. Bohuslän	10,45 10,24 10,39	„
9	Hvalö	10,51 11,57	„ [6]
10	Moos, Norwegen	4,54 9,20	„
11	Dillingsö	3,81 9,60	„
12	Lönneby bei Moos	9,34 9,03	„
13	Arendal	9,57	„
14	Narestö bei Arendal	7,14	„

[1]) Pogg. Ann. 47, 385. R.

[2]) Journ. f. prakt. Chemie, 93, 109. R.

[3]) Lunds. Universitäts arskrift 1888. 24. Groths Zeitschr.
f. Kryst. 20. 367.

[4]) Helsingf. Oefv. af Finska Vetensk. Societetens Förh. 97. —
Gr. Zeitschr. 21, 317.

[5]) Lunds Universitäts arskrift 1888. 21. Groths Zeitschr.
19. 199.

[6]) Geol. Fören. Förhandl. Stockh. 1887. 9, 160, 11, 379.

Nr.	Vorkommen	%ThO$_2$	Untersucht von
15	Pisek, Kreis Prag, Böhm.	5,85	Blomstrane[7])
16	Norwich, Connect.	7,77	Shepard[8])
17	Portland, „	8,25	Penfield[9])
18	Burke, Co. N. Carol.	6,49	„
19	Amelia, „ Virgin.	14,28	„
20	„ „ „	18,60	Dunnington[10])
21	Alexander Co. N. Carol.	1,48	Penfield[9])
22	Vegetable Creek, N. S. Wales	1,23	Dixon[11])
23	Villeneuve, Ottawa Co. Canada	12,60	Genth[12])
24	Quebec	1,1	Gray[13])
25	Connecticut	1,4	„
26	Nord- und Süd-Carolina	0,32 0,80 0,23	„
27	Burke, Nord-Carolina	1,43	C. Glaser[14])
28	Shelby, „	2,32	„
29	Bellewood, „	1,19	„
30	Süd-Carolina	7,00	Bunte[15])
31	Blaue Berge	8,00	Droossbach[16])
32	Nord-Carolina	4,62 6,52	Douilhed & Séquard[17])

[7]) Sitzungsber. d. k. böhm. Ges. d. Wiss. 1897. Groths Zeitschr. f. Kryst. 19, 5.

[8]) Americ. Journ. Sc. 32, 62, R.

[9]) „ „ „ (3) 24. 250. R.

[10]) „ „ „ (4) 158. R.

[11]) Groths Zeitschr. f. Kryst. 8, 87.

[12]) Americ. Journ. Sc. (3) 38, 203.

[13]) Chem. Zeitung, 1895, 705.

[14]) Chem. Zeitung, 1896, 612.

[15]) Journ. f. Gasbel. 1897, 174.

[16]) Ber. d. Dtsch. Chem. Ges. 1896. 2452—2455.

[17]) Internat. Congr. f. angew. Chem. Paris, 23—28. Juli 1900. Zeit. f. ang. Chem. 1900, 793.

Nr.	Vorkommen	% ThO$_2$	Untersucht von
33	Nord-Carolina	18,01	Thorpe[18]
34	Idaho bei Bois City	1,20	Kindrgen-Hille-brand[19]
35	Bahia, Brasilien	1,20	Gray[20]
36	Minas Geraes	2,40	"
37	Rio Chico	4,80	"
38	Villa Bella	5,30	"
39	Goyaz	7,60	"
40	Gough, N.-S.-Wales.	1,23	Liversidge[21]

[18] Chemical News. 1895, 71, 139. — Groths Zeitschr. f. Kryst. 28, 221.

[19] Annual. Report U. S. Geol. Survey, Part. III. 673. Gr. Zeitschr. f. Kryst. 31, 295.

[20] Chem. Zeitung, 1895, 705.

[21] The Minerals of New South Wales. II. Edition Sidney, 1882. Groths Zeitschr. f. Kryst. 8, 87.

Gewinnung des Thoriums aus den genannten Mineralien.

Zur Gewinnung des Thoriums aus den Mineralien sind eine Reihe von Methoden ausgearbeitet worden. Viele davon haben in der Industrie weitgehende Verwendung gefunden und sind patentamtlich geschützt.

Die seltenen Erden, welche immer in grosser Zahl miteinander auftreten, von einander zu trennen, gehört wegen der grossen Aehnlichkeit, welche sie gegen Reagentien zeigen, zu den schwierigsten Operationen der analytischen Chemie. Es ist sehr schwer, die erhaltenen Niederschläge auf ihre Reinheit zu prüfen.

Nach Truchot[1] erkennt man dieselbe:

1. Durch Bestimmung des Atomgewichtes.
2. Durch die Färbung des Oxydes oder seiner Lösungen.
3. Durch spectroskopische Prüfung.

[1] Les terres rares. Paris 1898. (Carré u. Naud) p. 219.

Es sollen hier einige Methoden zur Trennung des Thoriums nach dem Verhalten gegenüber den verschiedenen Reagentien kurz angeführt werden. C. Glaser[1]) hat eine übersichtliche Tabelle des Verhaltens der seltenen Erden gegen verschiedene Reagentien, zum Teil nach eigenen Beobachtungen, zusammengestellt. Ebenso hat Posetto[2]) in Turin eine systematische Methode zur qualitativen Analyse der seltenen Erden ausgearbeitet. Als Reaktionen der Thoriumsalze giebt A. Classen[3]) folgende an:

Schwefelammonium, Kalilauge, Natronlauge, Ammoniak fällen weisses, gallertartiges, im Ueberschuss der Reagentien unlösliches Hydroxyd. Weinsäure verhindert die Fällung. Ammoniak fällt die Thorerde vor den Oxyden der Cergruppe (Cer, Lanthan, Didym, Samarium, Decipium).

Kaliumcarbonat, Ammoniumcarbonat fällen weisses, im Ueberschuss der Reagentien, namentlich der konzentrierten, lösliches Thoriumcarbonat, $Th(CO_3)_2$. Die Lösung in Ammoniumcarbonat trübt sich schon bei einer Temperatur von 50—60°, wird aber beim Abkühlen wieder klar.

Bariumcarbonat fällt das Thoriumoxyd vollständig. Eine konzentrierte Lösung von Kaliumsulfat fällt die Thorsalze langsam, aber vollständig. Das Doppelsalz ist im Ueberschuss des Fällungsmittels unlöslich, in kaltem Wasser langsam, in heissem leicht löslich.

Erbitzt man eine wässrige Lösung von Thorsulfat, so scheidet sich das Thorhydrooxyd ab, löst sich aber beim Abkühlen wieder auf, wodurch es sich von Titansäure unterscheidet.

---

[1]) Chem. Zeitung, 20. 613. (1896).
[2]) Giorn. Farm. Chim. 48, 49—54. — Centralbl. 98. I. 634.
[3]) Classen, Ausgewählte Methoden der analytischen Chemie, I. 1901.

Natriumthiosulfat fällt aus einer neutralen oder schwach sauren Auflösung das Thoroxyd in der Siedehitze fast vollständig aus, wobei sich gleichzeitig Schwefel abscheidet.

Kaliumferrocyanid erzeugt einen weissen Niederschlag. Oxalsäure und Alkalioxalate bringen einen weissen, schweren, in Oxalsäure und verdünnten Mineralsäuren unlöslichen Niederschlag hervor.

In überschüssigem Ammoniumoxalat ist derselbe, besonders in der Hitze, löslich, fällt aber beim Erkalten zum Teil wieder aus. Ammoniumacetat verhindert die vollständige Fällung durch Ammoniumoxalat.

Ein empfindliches Reagens auf Thorium ist Kaliumazid KN_3.

Neutralisiert man eine Thoriumlösung genau mit Ammoniak, versetzt mit einem geringen Ueberschuss Stickstoffkaliumlösung (0,2—0,3 g im Liter) und kocht eine Minute lang, so fällt alles Thorium als Oxyd aus, während die anderen seltenen Erden in Lösung bleiben. Diese von Dennis und Kortrigh[1]) gefundene Reaktion, die 1897 Dennis noch genauer untersuchte, ist die einzige, durch welche eine der seltenen Erden schnell und genau durch einmalige Fällung von den anderen getrennt werden kann.

Die Reaktion verläuft nach Dennis nach folgender Gleichung:

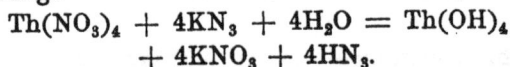

$$Th(NO_3)_4 + 4KN_3 + 4H_2O = Th(OH)_4$$
$$+ 4KNO_3 + 4HN_3.$$

Der Niederschlag besteht aus Thoriumhydrat; Stickstoffwasserstoffsäure wird zurückgebildet und entweicht, wie Dennis mit Silbernitrat nachweist.

---

[1]) Zeitschr. f. anorg. Chem. 6, 35 (1894) 13, 412, 1897. — Journ. Americ. Chem. Soc. 16, 79, 18. 947—952. 1896). Centralblatt 97. I. 128.

Curtius und Darapsky [1]) bestätigen, dass mit Kaliumazid nach einigem Kochen alles Thorium als Hydrat ausfällt.

Diese Methode dient auch zur quantitativen Fällung.

Wyrouboff und Verneuil [2]) führen zwar an, dass nach ihren Versuchen, die nach Dennis gefällte Thorerde einige Prozente Cer mitreisst, welche ihr auch durch eine wiederholte Fällung nicht entzogen werden können.

Als weitere Reagentien zur quantitativen Trennung von Thorium werden folgende benutzt:

Wasserstoffsuperoxyd.

Clève [3]) hat zuerst angegeben, dass Wasserstoffsuperoxyd in einer Thoriumsulfatlösung einen gallertartigen Niederschlag von der Formel $Th_4O_7S_3$ ($Th = 116$) hervorbringt, während die anderen seltenen Erden nicht gefällt werden.

Wyrouboff und Verneuil [4]) haben diese Reaktion eingehender studiert und gefunden, dass man aus einer möglichst säurefreien Lösung von Thoriumnitrat durch Erhitzen in überschüssigem Wasserstoffsuperoxyd auf etwa 60° alles Thorium abscheiden kann.

Die Abscheidung von Thoriumhydrat unter Zuhilfenahme von Wasserstoffsuperoxyd wird auch bewirkt in einem durch Deutsches Reichspatent geschützten Verfahren von Kosmann [5]) zur Reindarstellung von Thoriumsalzen aus Monazitsand.

---

[1]) Journ. f. pr. Chem. (2) 61. 408.

[2]) Compt. rend. 126. 340. 1898.

[3]) Compt. rend. 94. 1528. 95. 33.

[4]) Compt. rend. 126. 340. 1898. B. d. Acad. des sc. I. 98. Chem. Zeitg. 1898. 105.

[5]) B. Kosmann, Darstellung reiner Thoriumsalze aus Monazitsand, D. R.-P. 90652. 31. 12. 95. Zeitschr. f. angew. Chemie, 97. 160.

Die Abscheidung des Thoriums als Sulfat.

Thoriumsulfat hat, wie auch die Sulfate anderer seltener Erden, die merkwürdige Eigenschaft, in kaltem Wasser leichter löslich zu sein wie in warmem. Auf dieser Eigenschaft beruhen eine Anzahl von Abscheidungs- und Reinigungsverfahren des Thoriums. Schon der Entdecker Berzelius [1]) hat das Thorium aus dem Thorit, nachdem er das Mineral mit Salzsäure aufgeschlossen hatte, als Sulfat abgeschieden. Des weiteren hat dann Delafontaine [2]) das Thorium aus dem Thorit und Orangit als Sulfat abgeschieden, indem er die Mineralien mit konz. Schwefelsäure aufschloss; ebenso Chydenius [3]) und L. F. Nilson [4]).

Krüss und Nilson [5]) haben aus der verschiedenen Löslichkeit der Sulfate ein Verfahren zur Reinigung des Thoriums hergeleitet und ausgearbeitet. Dasselbe ist von Clève [6]) und von Witt [7]) noch verbessert worden. Auch die Methode von Drossbach [8]) zur Verarbeitung und Wertbestimmung des Monazitsandes stützt sich auf das Verhalten des Thoriumsulfates.

---

[1]) Berzelius, Lehrb. d. Chem. III. 1224. (1856) K. Vetensk Acad. Handl. 1829. St. I. 22. Pogg. Ann. 16, 385.

[2]) Arch. des sc. phys. et nat. (2) 18, 343, 21, 97, 22, 38. Compt. rend. 87, 559. Cem. News 175, 229. 1897. Ann. Chem. Pharm. 1863. 131, 100.

[3]) Kemisk. undersökning af Thorjord och Thorsalter, Helsingfors 1861.

[4]) Oefvers. af k. Svenska Vet. Acad. Förhandl. 1882, 7 u. 1887. 5. Ber. d. chem. Ges. 1882, 2519, 2537. Ann. Chim. phys. 5, 30, 563. Compt. rend. 96, 346. Chem. News 47, 722.

[5]) Zeitschr. f. phys. Chem, I. 1887. 301. Ber. d. Dtsch. Chem. Ges. 20, 1665.

[6]) Bull. soc. chim. 2 21, 115. Compt rend. 94, 1528.

[7]) O. N. Witt, Ueber den Cergeh. der Thorsalze. (1897).

[8]) G. Paul Drossbach, Ber. d. Dtsch. Chem. Ges. 1896, 29, 2452. Schilling. Journ. f. Gasb. 1895. 581.

Die Neigung des Thoriumsulfates mit Alkalisul-
faten Doppelsalze zu bilden, ist von manchen zur
Abscheidung und Reinigung des Thoriums benutzt
worden. So schon von Berzelius [1]). Ebenso von Chydenius [2]), welcher das Thorium aus dem Orangit auf
diese Weise gewann und dabei die Konstitution des
Kaliumthoriumsulfates genauer untersuchte. Ferner
Clève [3]), welcher es als Natriumthoriumsulfat abschied.

Auch Delafontaine [4]) gewann das Thorium aus
dem Thorit und Orangit als Doppelsalz mittelst Kaliumsulfat. Der Gehalt des Monazitsandes an Thorium
lässt sich nach der Chemiker-Zeitung [5]) leicht durch
Gewinnung des Kaliumthoriumsulfats bestimmen.

Ein weiteres wichtiges Reagens zur Abscheidung
des Thoriums ist das **Natriumthiosulfat.** Es fällt
aus einer neutralen oder schwach sauren Lösung
das Thoroxyd als gelblich-weissen Niederschlag in der
Siedehitze fast vollständig aus, indem sich gleichzeitig Schwefel abscheidet.

Chydenius [6]) hat diese Eigenschaft zuerst zur
Abscheidung benutzt. R. Bunsen [7]) bediente sich der-
selben zur Reinigung der Thorerde. Glaser [8]) sowie
R. Fresenius und Hintz [9]): wie auch Hintz und Weber [10])

[1]) K. Vetensk. Acad. Handl. 1829. St. I. Berzelius, Lehrbuch der Chemie, II.

[2]) Pogg. Ann. 119, 43.

[3]) Bull. soc. chim. 2, 21, 115.

[4]) Ann. Chem. Pharm. 1863, 131, 100. Compt. rend. 87,
559. Chem. News. 175, 229. 1897.

[5]) Chem. Zeitg. 1895, 19. 2. S. 1468 f.

[6]) Kemisk. undersökning af Thorjord och Thorsalter.
Acad. Afh. Helsingfors 1861. Pogg. Ann. 119, 46.

[7]) Pogg. Ann. 155, 366--880. 1875.

[8]) Chem. Zeitg. 20, 612. (1896).

[9]) Zeitschr. f. analyt. Chemie, 35, 525. (1896).

[10]) Zeitschr. f. anal. Chemie, 36, 676. (1897).

haben Thiosulfat zur Abscheidung von Thorium benutzt.

Von grösster Wichtigkeit für die Gewinnung resp.
Abscheidung des Thoriums ist sein Verhalten zu
Oxalsäure und Alkalioxalaten. Diese bringen aus
Thorsalzlösungen einen weissen, schweren in Oxal-
säure und verdünnten Mineralsäuren unlöslichen
Niederschlag hervor.

In überschüssigem Ammoniumoxalat ist derselbe,
besonders in der Hitze, löslich, fällt aber beim Erkalten zum Teil wieder aus.

Diese Eigenschaft hat zuerst Bunsen [1]) im Jahre
1875 zur Reinigung des Thoriums benutzt, nachdem
schon 1829 Berzelius [2]) und 1861 Chydenius [3]) die
Fällbarkeit der Thorerde durch Oxalsäure angegeben
haben. Auch Nilson [4]) hat sich in einem 1882 veröffentlichten Reinigungsverfahren dieser Eigenschaften bedient.

1894 hat dann P. Jannasch [5]) aus Orangit und
Thorit als erster absolut reines Thoriumoxalat dargestellt, nachdem er vorher mit Ammoniak nieder-
geschlagenes Thoriumhydrat durch verschiedene Reaktionen von sämtlichen Verunreinigungen befreit hatte.

Infolge dieser von P. Jannasch eingeführten
Methode zur Abscheidung des Thoriums als Oxalat
wurden sehr bald eine ganze Reihe von Abscheidungs-
verfahren des Thoriums ausgearbeitet, welche bei geringen Modifikationen immer das Verhalten gegenüber Oxalsäure als Grundbedingung haben. So hat

---

[1]) Pogg. Ann. 155, 366—380. (1875).
[2]) K. Vetensk. Akad. Handling. 1829. St. I. Pogg.Ann. 16.
[3]) Kemisk. undersökning. etc. Pogg. Ann. 119, 32.
[4]) Oefvers. af k. Svenska Vet. Akad. Förhandl. 1882 Nr. 7.
Bericht d. Dtsch. Chem. Ges. 82, 25, 19, 2537.
[5]) Zeitschr. f. anorg. Chemie V. 283. Vergl. auch P.
Jannasch, Leitfaden der Gewichtsanalyse, p. 308.

Drossbach[1]) in einer 1895 ausgearbeiteten Wertbestimmung des Monazitsandes das Oxalat zum Nieder-
schlagen des Thoriums benutzt. Glaser[2]) führt 1896
die Reaktionen des Thoriumoxalates an. Dieselben
sind dann von Hintz und Weber[3]) 1897 genauer geprüft worden, nachdem sich schon 1896 Fresenius und
Hintz[4]) derselben bedient haben.

Delafontaine[5]) benutzte 1897 das Oxalat zur Trennung des Thoriums vom Zirkon.

Fronstein und Mai[6]) haben in Heidelberg 1897
ein durch Reichspatent geschütztes Verfahren zur An-
reicherung des Thorgehalts im Monazit ausgearbeitet,
wobei sie ebenfalls das Oxalat benutzten. Hintz[7])
bedient sich bei seiner Methode zur Untersuchung der
Glühkörper ebenfalls des Oxalats. Am genauesten aber
hat Bohuslav Brauner[8]) die Einwirkung von Ammoniumoxalat auf Thoriumsalze studiert. Er hat gefunden, dass sich dabei ein Doppeloxalat von Thorium
und Ammonium bildet. Dieses komplexe Thorium-
ammoniumoxalat hat die Formel

$$Th(C_2O_4)_2 . 2(NH_4)C_2O_4 . 7H_2O.$$

Es gelang ihm, dieses Salz so rein darzustellen,
dass er daraus das Atomgewicht des Thoriums auf
232,49 berechnen konnte. Aus seinen Untersuchungen
hat Brauner ein Verfahren zur Trennung der Thorerde

---

[1]) Schill. Journ. f. Gasb. 1895. 581.

[2]) Chem. Zeitg. 20, 614. (1896).

[3]) Zeitschr. f. analyt. Chemie, 36, 30 (1897).

[4]) Zeitschr. f. analyt. Chemie, 35, 525.

[5]) Chem. News. 75, 230.

[6]) Fronstein u. J. Mai, Heidelberg: Verfahren, aus dem
Monazitsand ein ca. 50 % Thorerde enthaltendes Material darzustellen. D. R.-P. 93940. Zeitschr. f. angewandte Chemie. 97. 642.

[7]) Zeitschr. f. analyt. Chemie, 37, 94. 1898.

[8]) Journ. Soc. of Chem. Ind. 1898, 73, 951. Rozpravy ceské
akad. 1896. 5. Cl. II. Nr. 34. 6.

mittelst Ammoniumoxalat hergeleitet, das durch Reichspatent geschützt ist[1]). Brauner[2]) stellt als Resultat seiner Untersuchungen für die seltenen Erden folgende Regel auf: „Das Streben, komplexe Salze zu bilden, ist umgekehrt proportional der Basicität einer Erde." Beim Fällen einer Lösung von Ammoniumthoriumoxalat mit Oxalsäure wird ein saures Thoroxalat der Formel $H_2Th_2(C_2O_4)_5 9H_2O$ gebildet[3]).

Als weitere Trennungsmethoden des Thoriums von anderen seltenen Erden seien noch angeführt:

Verfahren von Smith[4]),

Verfahren von Lecoq de Boisbaudran[5]),

Verfahren von Urbain[6]).

Das elektrolytische Verfahren von Troost[7]),

Verfahren von Boudouard[8]).

Durch alle diese Verfahren wurde die Fabrikation des Thoriumnitrats, welches für die Industrie fast ausschliesslich in Frage kommt, nach und nach ausserordentlich viel billiger gestaltet. Dies sowohl, wie die Entdeckung grosser Lager von Monazit führte im Jahre 1895 zu einem Preissturz des Thoriumnitrats, wie ihn wohl nie zuvor ein chemisches Produkt erfahren hat.

Der Kilopreis des Thoriumnitrats betrug zu Beginn des Jahres 1895 in Deutschland M. 1800.— bis

---

[1]) Bohuslav Brauner, Prag, 31. VII. 1897. Trennung der Thorerde von den übrigen seltenen Erden. D. R.-P. 97689.

[2]) Centralblatt 1898, I. 918 u. 1899 I. 822.

[3]) Herzfeld und Korn, Chemie der seltenen Erden nach Chemiker-Zeitg. 1898, 272.

[4]) Crookes, Selekt Methods.

[5]) Compt. rend. 99, 525.

[6]) Bull. Soc. Chim. (3) 19, 376. Compt. rend. 75, 835.

[7]) Compt. rend. 116, 1428—1429.

[8]) Bull. Soc. Chim. 19, 382.

M. 1900.—, während er um die Mitte desselben Jahres auf M. 35.— bis M. 39.— sank[1]).

Nach Douilhet und Léquard[2]) betrug der Preis pro Kilogramm Thoriumnitrat in Frankreich im Jahre 1895 Francs 1000.— und im Jahre 1897 Francs 80.— bis 150.— per kg.

Herzfeld und Korn[3]) stellen den Preissturz des Thoriumnitrats in folgender Weise zusammen:

Der Preis desselben betrug:

1894 im Mittel M. 2000.— pro kg,
1895 „ „ „ 450.— „ „
1896 „ „ „ 70.— „ „
1898 „ „ „ 40.— „ „
1899 „ „ „ 28.— „ „

Dieser Rückgang war aber keineswegs lediglich das Ergebnis vergrösserter Konkurrenz, sondern in erster Linie war derselbe bedingt durch eine völlige Umänderung der Verhältnisse bezüglich des Rohmaterials und der Arbeitsweise, welche durch die chemische Forschung so umgestaltet worden war, dass dadurch eine wesentliche Reduktion der Betriebskosten gegen früher ermöglicht wurde.

Chemisches Verhalten des Thoriums.

In der vierten Gruppe des periodischen Systems steht das Thorium seinem hohen Atomgewicht entsprechend an letzter Stelle, hinter den Elementen Kohlenstoff, Silicium, Germanium, Zinn, Blei, Titan, Cer und Zirkon. In diesen Elementen nimmt, wie auch bei anderen Gruppen, der basische Charakter mit steigendem Atomgewicht von Stufe zu Stufe zu. Dementsprechend nimmt die Acidität der Hydrate,

---

[1]) Zeitschr. f. angew. Chemie, 1899. S. 19.

[2]) Internat. Congr. f. angew. Chem. Paris, Juli 1900. Zeit. f. angew. Chem. 1899. S. 19.

[3]) Herzfeld u. Korn, Chemie der seltenen Erden. 32.

d. h. ihre Fähigkeit, Wasserstoff gegen Metalle aus-
zutauschen, allmählich ab. Das Thoriumhydroxyd
$Th(OH)_4$ vermag demnach mit Metallen nicht mehr
Salze zu bilden.

Betrachtet man die einzelnen Elemente der Gruppe
untereinander und vergleicht sie mit dem Thorium,
so findet man, dass, je näher das Element dem Atomgewichte nach dem Thorium steht, um so grösser seine
Aehnlichkeit mit demselben in Bezug auf den chemischen Eigenschaften ist. Während das Thorium in
seinen Verbindungen fast gar keine Aehnlichkeit mit
dem Kohlenstoff zeigt, tritt diese schon mehr beim
Silicium auf. Das Thorium selbst krystallisiert nach
Brögger [1]) in derselben Form wie Silicium. Sehr nahe
Beziehungen aber zeigt das Thorium zu den übrigen
Elementen der vierten Gruppe, so dass man hier von
einer homologen Reihe reden könnte.

So ist nach A. E. Nordenskjöld [2]) das krystallisierte Thoriumoxyd mit Titanoxyd, Zirkonoxyd und
Zinnoxyd isomorph; (eben o Chydenius) [3]).

Nach Zschau [4]), Breithaupt [5]), Nordenskjöld [6])
und Brögger [7]) ist der Thorit mit dem Zirkon isomorph.
Nach Delafontaine [8]) zeigen die Thoriumdoppelfluo-
ride hinsichtlich ihrer Zusammensetzung eine unver-

[1]) Groths Zeitschr. f. Kryst. 7, 442. (1883).

[2]) Oefvers. af K. Svenska Vetensk. Akad. Förhandl. 1860,
133. Pogg. Ann. 110, 644.

[3]) Kemisk. undersökning af Thorjord och Thorsalter,
Helingfors 1861.

[4]) Am. Journ. of Science etc. 2. Sér. 26, 359. 58.

[5]) Mineral-Studien. (Seperatabdr. aus der Berg- u. Hütten-
männ. Zeit.) S. 89. 1866.

[6]) Geol. Fören. i. Stockh. Förh. III. Nr. 7. 1876. Oefvers.
af Sv. Vet. Akad. Förhandl. S. 554.

[7]) Mineral. d. Syenitpegmatitgänge der Süd-Norweg. Augit-
Nephelinsyenite. Groths Zeitschr. f. Kryst. 16. S. 117. 1890.

[8]) Arch. des sc. phys. et nat. 18, 343.

kennbare Analogie mit den Fluorzirkonaten. Auch
Nilson[1]) hebt die Uebereinstimmung des von ihm
untersuchten Thoriumchloroplatinats mit dem ent-
sprechenden Zinn- und Zirkonsalzen hervor, Troost und
Ouvrard[2]) die Uebereinstimmung der Thorium- und
Zirkonphosphorsauren Doppelsalze. In allerneuester
Zeit hat P. Steffens[3]) im Laboratorium des Professors
Ramsay in London die Analogie zwischen Thorium und
Zinn in der Metathorsäure und der Metazinnsäure be-
wiesen.

Verfasser dieses hat dann, wie nachstehend beschrieben wird, bei den Untersuchungen der Halogensalze des Thoriums noch eine Reihe von Verbindungen
gefunden, durch welche diese Analogien noch weiter
gestützt werden. Aber auch in den physikalischen
Eigenschaften zeigt das Thorium sowohl als freies
Element wie als Oxyd grosse Uebereinstimmung mit
den Grundstoffen seiner Gruppe.

Nach Nilson[4]) ist nicht nur die Atomwärme normal mit 6,4, sondern auch das Atomvolumen des Thoriums identisch mit demjenigen von Ce und Zr[5]).
Ebenso ist das Molekularvolumen des Oxyds demjenigen des Cer- und Uranoxyds sehr nahe. Sodann zeigt
nach Nilson und Petterson[6]) die Molekularwärme
dieser Bioxyde sehr nahe Uebereinstimmung.

Wie zu sehen, finden sich diese Isomorphien des
Thoriums auch mit dem Uran, das zwar nicht zu den
Elementen der vierten Gruppe von Mendelejews System
gehört, dem Thorium aber mit seinem sehr hohen
Atomgewicht nahe steht. Ausser den genannten sind

[1]) Journ. f. pr. Chem. (2) 15, 177.
[2]) Compt. rend. 102, 1422—1427, 105, 30—34.
[3]) Zeitschr. f. anorg. Ch. 37. S. 52, 1901.
[4]) Ber. d. Dtsch. Chem. Ges. XV a. 153 (1882).
[5]) Ber. d. Dtsch. Chem. Ges. XV. 2546. (1882).
[6]) Ber. d. Dtsch. Chem. Ges. XV. 2520. (1882).

solche Isomorphien von Thorium und Uran auch noch von Rammelsberg[1]), sowie Hillebrand[2]) und Melville[3]) beobachtet und mitgeteilt worden.

Metallisches Thorium haben 1829 Berzelius[4]) und 1861 Chydenius[5]) darzustellen versucht. 1882 ist dasselbe von Krüss und Nilson[6]) durch Reduktion von Thoriumchlorid mittelst metallischem Natrium rein dargestellt worden. Troost[7]) hat dasselbe durch Elektrolyse von Thoriumchlorid erhalten. Cl. Winkler[8]) versuchte es zu gewinnen, indem er Thordioxyd durch metallisches Magnesium reduzierte.

Das Thoriummetall bildet nach Nilson[9]) ein graues glimmerndes Pulver von der Farbe des Nickels und silberweissem Strich. Es besteht aus mikroskopischen, kleinen, dünnen, sechsseitigen verwachsenen Tafeln oder Lamellen. Es krystallisiert nach Brögger[10]) regulär in Kombinationen von Oktaëdern und Hexaëdern, und ist mit Diamant und Silicium isomorph.

Das spez. Gew. ist nach Chydenius[11]) 7,657 bis 7,795, nach Nilson[12]) im Mittel 11,099; das spez. Volumen 29,9, das Atomvolumen nach demselben 21,1

[1]) Sitzungsber. d. Akad. d. Wissensch. Berlin, 1886. S. 603. Ber. 20, 412 c. u. Zeitschr. f. Kryst. 86.

[2]) Zeitschr. f. anorg. Chemie. 3. 249—251.

[3]) Americ. Chem. Journ. 14, 1—9.

[4]) K. Sv. Vetensk. Acad. Handl. 1829. St. I. Pogg. Ann. 16. 82.

[5]) Kemisk. undersökning af Thorjord och Thorsalter Helsingf. 1861. Pogg. Ann. 119, 44.

[6]) Zeitschr. f. phys. Chemie. I. 303.

[7]) Compt. rend. 116, 1127—1130.

[8]) Winkler, Ber. d. Chem. Ges. 1891. 873.

[9]) Ber. d. Dtsch. Chem. Ges. 1882. 15. II. 2541.

[10]) Zeitschr. f. Kryst. 7, 442. (1883).

[11]) Kem. unders. af Thorj. och Thors. Helsf. 1861.

[12]) Ber. d. Dtsch. Chem. Ges. 1882. 15 II. 2548.

gleich dem von Zr und Ce. Seine spez. Wärme hat nach Nilson und Petterson[1]) den winzigen Betrag von 0,0276; also die Wärmemenge, welche z. B. erforderlich ist, um 1 kg eiskaltes Wasser zum Sieden zu bringen, würde ausreichen, um fast 40 kg Thormetall von 0⁰ auf 100⁰ zu erhitzen.

Das reine Thoriummetall wird von Wasser unter keinen Umständen verändert. Ebenso sind Alkalien ohne Einwirkung; Salpetersäure wirkt kaum darauf ein. Von verdünnter Schwefelsäure wird es unter Wasserstoffentwicklung gelöst; von konzentrierter Schwefelsäure unter Entwicklung von schwefliger Säure; von Königswasser wird es in der Kälte, noch schneller beim Erwärmen gelöst. Beim Erhitzen auf 100⁶ bis 120⁰ bleibt das Thoriummetall unverändert, bei höheren Temperaturen verbrennt es jedoch an der Luft oder noch intensiver in Sauerstoffatmosphäre unter glänzender Feuererscheinung zu Oxyd. (Nilson)[2]).

Das Thoriummetall zu schmelzen, ist bisher noch nicht gelungen. Mit den Elementen der Halogengruppe verbindet es sich ebenfalls unter Feuererscheinung bei 448⁰ C. (Nilson)[3]).

A t o m g e w i c h t. Das Thorium hat nächst dem Uran das höchste Atomgewicht unter allen bisher bekannten chemischen Elementen. Berzelius[4]) fand dasselbe 1828 durch Analyse des Sulfats im Mittel $= 238{,}04$. Chydenius[5]) bestimmte 1861 das Atomgewicht des Thoriums und fand dasselbe als Mittel

---

[1]) Ber. d. Dtsch. Chem. Ges. 1880. XIII. 1461.

[2]) Ber. d. Dtsch. Chem. Ges. 1882. 15. II. 2548.

[3]) Ber. d. Dtsch. Chem. Ges. 15. II. 2541. 16. 53.

[4]) Berzel. Lehrb. d. Chemie. III. 1856. 1224. K. Vet. Acad. Handl. 1829, St. I. Pogg. Ann. 16, 400.

[5]) Kemisk. undersökning af Thorjord och Thorsalter, Helsingfors, Diss. 1861.

zahlreicher Analysen $= 236,64$. Delafontaine [1]) stellte
1863 das Atomgewicht des Thoriums $= 231,75$ bis
$231,44$ fest. Hermann [2]) fand $231,45$ und $238,35$.
Cléve [3]) bestimmte 1874 das Atomgewicht durch
Glühen des wasserfreien Sulfates im Mittel $= 233,81$,
durch Glühen des Oxalates $= 233,97$. Nilson [4]) durch
Glühen des krystallisierten wasserfreien Sulfates im
Mittel aus 10 Versuchen $= 232,4$. L. Troost [5]) leitete
1885 das Atomgewicht aus einer Dampfdichtebestimmung des Chlorids ab und fand $Th = 116,2$, welche Ansicht jedoch von Krüss und Nilson [6]) 1887 widerlegt
wurde. Die letzteren bestimmten dasselbe $= 232$ aus
dem Sulfat. L. Mayer und K. Seubert [7]) berechneten
$231,96$, Clarke [8]) $233,41$; Bohuslav Brauner [9]) bestimmte 1897 das Atomgewicht des Thoriums aus vollständig reinem Oxalat und erhielt dasselbe als Durch-
schnitt von fünf Versuchsreihen zu $232,42$. Letztere
Bestimmung ist wohl die genaueste, und habe ich bei
Berechnung der Thoriumverbindungen die Zahl $232,4$
stets zu Grunde gelegt. Ich fand denn auch bei der
Untersuchung der später näher zu beschreibenden vollständig reinen Halogensalze Zahlen, welche genau mit

[1]) N. Arch. d. Soc. phys. nat. XVIII. 343. Ann. Chem.
Phys. 131, 100.

[2]) Journ. f. pr. Chemie, 93, 114.

[3]) Bull. soc. chim. (2) 21, 116. Bihang till Sv. Vet. Ac.
Handl. 2, Nr. 6.

[4]) Oefvers. af K. Sv. Vet. Acad. Förh. 1880, Nr. 6. Ber.
d. Dtsch. Chem. Ges. 15 II. 1882. S. 2531.

[5]) Compt. rend. 101, 360/361.

[6]) Oefvers. af K. Vet. A. F. — Zeitschr. f. phys. Ch.

[7]) Atomgewichte der Elemente 1883.

[8]) Const. of nature. — Phil. Mag. (5) 12, 161. Am. Chem.
Journ. 3, 263.

[9]) Chem. Soc. Sitzung vom 17. April 1897. Chem. Zeitg.
1899, 272. — Ch. Centralbl. 98, I. 918.

der Zahl 232,4 übereinstimmten, so dass ich die Ansicht aussprechen muss, dass dies wohl die richtige Zahl für das Atomgewicht des Thoriums ist.

Die von der Deutschen Chemischen Gesellschaft eingesetzte „Kommission für die Festsetzung der Atomgewichte" giebt als abgerundeten Wert an Th = 232,5.

Valens. Die Stellung des Thoriums in Mendelejews periodischem System fordert ein vierwertiges Element. Auch die Seite 41 besprochenen Analogien des Thoriums mit anderen entschieden tetravalenten Grundstoffen, sowie die von Nilson[1]) gefundenen Uebereinstimmungen in den physikalischen Eigenschaften, wie Atomwärme und Atomvolumen, Molekularwärme und Molekularvolumen mit diesen Elementen und in ihren Verbindungen weisen auf ein vierwertiges Thorium hin. Zwar hielt der Entdecker Berzelius[2]) das Thorium für bivalent, aber schon 1860 sprach sich Rammelsberg[3]) für die Tetravalens aus, welcher Ansicht 1865 Delafontaine[4]) und 1874 Clève[5]) beitraten. Troost[6]) behauptete im Jahre 1885 wieder, dass das Thorium bivalent sei, indem er sich auf eine von ihm ausgeführte Bestimmung der Dampfdichte des Thoriumchlorids stützte.

Diese Ansicht wurde jedoch zwei Jahre später von Krüss und Nilson[7]) durch eine neue Dampfdichtebestimmung des Thoriumchlorids widerlegt.

---

[1]) Ber. d. Dtsch. Chem. Ges. 1882. 15. II. 2519.

[2]) Berzelius, Lehrb. d. Chemie, III. 1224 (1856).

[3]) Handb. d. Mineralchem. S. 546.

[4]) Arch. phys. nat. 18, 343.

[5]) Bull. soc. chim. (2) 21, 116.

[6]) Compt. rend. 101, 360—361. 1885. 3.

[7]) Zeitschr. f. phys. Chemie 1. 1887. 301. Ber. d. Dtsch. Chem. Ges. 20. 1665.

Bisher wurde nur in e i n e m Falle die Verbindung eines zweiwertigen Thoriums erhalten. Cl. Winkler[1]) beobachtete, dass ein Gemenge von Thoriumoxyd und Magnesium bei höherer Temperatur in einer Wasserstoffatmosphäre Wasserstoff absorbiert und ein entzündliches Produkt liefert, das bis zu 0,5 % Wasserstoff enthielt; hieraus schliesst Winkler, dass in demselben ein Thoriumwasserstoff ThH_2 enthalten sei. Er hat den Körper jedoch nicht isoliert, so dass es wohl kaum angängig ist, hieraus einen Schluss auf die Bivalens des Thoriums zu ziehen.

Verbindungen des Thoriums mit Sauerstoff.

T h o r i u m d i o x y d oder T h o r e r d e ThO_2.

Berzelius[2]) legte der Thorerde die Formel des Monoxydes bei, Bergemann[3]) dagegen betrachtete sie als Sesquioxyd.

Aber schon 1860 nahm Rammelsberg[4]) die Formel des Dioxydes an, und diese kommt ihm auch nach der übereinstimmenden Ansicht aller späteren Forscher zu. Es entsteht leicht beim Glühen des Oxalats, Nitrats, Carbonats oder Hydroxyds. Das beim Glühen des Oxalats und Sulfats gewonnene Oxyd ist ein weisses Pulver, während das beim Glühen des Hydroxyds gewonnene grau ist[5]). Geglühtes Thoriumoxyd löst sich nur in heisser, mit dem gleichen Volumen Wasser verdünnter Schwefelsäure; andere Säuren lösen es auch nach dem Schmelzen mit Alkali nicht[6]).

---

[1]) Ber. d. Dtsch. Chem. Ges. 24, 885—887.
[2]) Berzelius, Lehrbuch der Chemie, III. 1224. 56. Pogg. Ann. 16. 32.
[3]) Pogg. Ann. 85, 558.
[4]) Handb. d. Mineralchemie, S. 546. (1860).
[5]) Truchot, Les Terres rares, p. 196.
[6]) Classen, Analytische Chemie, 1901, I. 705.

Das Thoriumoxyd ist weiss bis graugelb, hat nach Berzelius[1]) das spez. Gew. 9,402, nach Bergemann[2]) 8,975, nach Mosander[3]) 9,523, nach Chydenius[4]) 9,077 bis 9,228, nach Nilson und Petterson[5]) 9,861, nach neuen Versuchen von Nilson[6]) 10,2206 bei 17°C. Die spez. Wärme beträgt nach Nilson und Petterson[5]) = 0,0548, die Molekularwärme = 14,47 und das Molekularvolumen = 26,77. Nordenskjöld[7]), Chydenius[4]) sowie Troost und Ouvrard[8]) haben das Thoriumoxyd als reguläre Würfeloctaëder krystallisiert erhalten. Die Krystalle sind nach Nordenskjöld[7]) isomorph mit den Krystallen der Oxyde von Zinn, Zirkon und Titan und haben ein spez. Gewicht von 9,2.

Thoriumhydroxyd $Th(OH)_4$ entsteht als weisser Niederschlag beim Zusatz von Ammoniak, Alkalien, Schwefelammonium und Cyankalium zu Lösungen der Thoriumsalze; unlöslich im Ueberschuss der Reagentien; es ist in feuchtem Zustande leicht in Säuren löslich, dagegen in trockenem Zustande nur schwer. Aus der Luft zieht es Kohlensäure an.

Thoriumnitrat ist das für die Technik wichtigste Salz, da es als Ausgangsmaterial der Glühstrumpffabrikation dient.

---

[1]) K. Vetensk. Acad. Handl. 1829, St. I.
[2]) Ann. d. Phys. 85, 558. Ann. d. Chem. 84, 239.
[3]) Pogg. Ann. 119, 45.
[4]) Kemisk. undersökning af Thorjord och Thorsalter, Helsingfors 1861. Pogg. Ann. 119, 43.
[5]) Oefvers. af K. Sv. Vet. Acad. Förhandl. 1880. Ber. d. Dtsch. Chem. Ges. 15. II. 1161, 1882.
[6]) Ber. d. Dtsch. Chem. Ges. 15, II. 2536, 1882.
[7]) Oefvers. af K. Sv. Vet. Acad. Förhandl. 1860. Pogg. Ann. 110, 643.
[8]) Compt. rend. 102, 1422.

Es wurde schon von Berzelius[1]), Chydenius[2]),
Clève[3]) und Bahr[4]) dargestellt und entsteht durch
Lösen des Hydroxyds in Salpetersäure und Eindunsten
der Lösung im Vakuum über Schwefelsäure; es hat
die Formel $Th(NO_3)_4 . 12H_2O$ und bildet hygroskopi-
sche, durchsichtige, weisse Krystalle, löslich in Alkohol. Bei 100° getrocknet, verliert es 8 Mol. H_2O, in
welcher Form es gewöhnlich im Handel vorkommt.

C. Thesen[5]), Fuhse[6]), sowie Muthmann und
Bauer[7]) machen interessante Mitteilungen über die
technische Darstellung des Thoriumnitrats.

Aus reinem Thorsulfat lässt sich durch Doppel-
zersetzung mit Baryumnitrat reines Thoriumnitrat erhalten[8]).

Kaliumthoriumnitrat. Berzelius[9])

Thoriumdoppelnitrate. J. Meyer u. Jacoby[10]).

$(NH_4)_2Th(NO_3)_6$

$Rb_2Th(NO_3)_6$

$Cs_2Th(NO_3)_6$

$MgTh(NO_3)_6 8H_2O$

$ZnTh(NO_3)_6 8H_2O$

$NiTh(NO_3)_6 8H_2O$

$CoTh(NO_3)_6 8H_2O$

$Mn . Th(NO_3)_6 8H_2O$

$SrTh(NO_3)_6 8H_2O$

[1]) K. Vet. Acad. Handling. 1829. — Pogg. Ann. 16, 32.
[2]) Kemisk. undersökning af Thorjord. Pogg. Ann. 119, 42.
[3]) Bull. Soc. chim. (2), 21.
[4]) Pogg. Ann. 119, 578.
[5]) Chem. Zeitg. 1895, 2254.
[6]) Zeitschr. f. angew. Chemie, 1897, 115.
[7]) Ber. d. Dtsch. Chem. Ges. 33, 1747, 1760, 2028—2031.
[8]) Chem. Verein, Christiania, Sitzg. v. 29. XI. 95. Chem.
Zeitg. 1895. 2254.
[9]) K. Vet. Ak. Handl. 1829. — Pogg. Ann. 16, 32.
[10]) Ber. d. Dtsch. Chem. Ges. 33, 2138—2140.

Thoriumsulfat. $Th(SO_4)_2$. Berzelius[1]), Chydenius[2]), Nilson und Petterson[3]), A. Nordenskjöld[4]),
Demarçay[5]), Clève[6]), Krüss und Nilson[7])., Spec.
Wärme $= 0{,}0972$, Nilson[8]). Das Thoriumsulfat ist
in kaltem Wasser leichter löslich als in warmem.
Wasserhaltiges Thoriumsulfat. $Th(SO_4)_2$
$9H_2O$. Berzelius[1]), Chydenius[2]), Clève[9]), Topsoë,
Nordenskjöld[10]), Marignac[9]), Demarçay[5]), Dela-
fontaine[11]). Nach Rammelsberg[12]) isomorph dem
analogen Uransulfat. Die Krystallisation ist neuer-
dings von E. H. Kraus[13]) untersucht worden.
$Th(SO_4)_2 . 8H_2O$. Clève[14]), Nilson[15]), Krüss und Nil-
son[16]).
$Th(SO_4)_2 . 5H_2O$. Berzelius[17]).
$Th(SO_4)_2 . 4\tfrac{1}{2}H_2O$. Delafontaine[18]).

---

[1]) K. Vet. Ac. Handl. 1829. St. I. Pogg. Ann. 16. 385—420.
[2]) Kemisk. unders. af Thorj. och Thors. J. D. Helsingf.
1861. Pogg. Ann. 119. 43.
[3]) Oefv. af K. Sv. Vet. Ac. Förh. 1882, Nr. 6 und 7. Ber.
d. Dtsch. Chem. Ges. 80, 1463. 82, 2519/57. Ann. Chim. phys.
(5) 30, 563. Compt. rend. 96, 346. Chem. News. 47, 722.
[4]) Oefv. af K. Sv. Vet. Ac. Förh. 1860. 183.
[5]) Jahresber. 83. 409. — Compt. rend. 96, 1860.
[6]) Jahresber. V. u. S. 1874, 261.
[7]) Ber. d. Dtsch. Chem. Ges. 20, 1665 a.
[8]) Ber. d. Dtsch. Chem. Ges. 15. II. 1832. 2521.
[9]) Arch. d. Sc. Phys. et nat. (2) 18, 343—345.
[10]) Pogg. Ann. 119, 50.
[11]) Liebigs Annalen, 181, 100.
[12]) Berl. Acad. Ber. 1886, 603.
[13]) Zeit. f. Kr. 34. 397—431, Centralbl. 1901. II. 16.
[14]) Arch. des Sc. phys. et nat. (2) 18, 343—345.
[15]) Ber. d. Dtsch. Chem. Ges. 15, II. 1882. 2521.
[16]) Ber. d. Dtsch. Chem. Ges. 20, 1665 a.
[17]) K. Vet. Acad. Handl. 1829. St. I. Pogg. Ann. 16, 385—420.
[18]) Liebigs Annalen 131, 100.

$Th(SO_4)_2 . 4H_2O$. Demarçay[2]), Chydenius[3]), Berlin[4]).
$Th(SO_4)_2 . 3H_2O$. Chydenius[3]), Clève[5]), Demarçay[2]).
$Th(SO_4)_2 . 2H_2O$. Berzelius[1]), Chydenius[3]) Clève[5]).
$3(Th(SO_4)_2 . 2H_2O)ThOSO_4 2H_2O$, oder
$Th_4(OH)_3(SO_4)_7 7H_2O$. Berzelius[1]), Demarçay[2]).

Röozeboom[6]) erklärt die verschiedenen Angaben über die Löslichkeit der Sulfate durch die ungewöhnliche Langsamkeit, mit welcher sich die Hydrate des Sulfates bilden, bezw. zersetzen.

Demarçay[2]) hat die Löslichkeit der Sulfate ebenfalls untersucht.

Kalium-Thoriumsulfat. $Th(SO_4)_2 2K_2SO_4 2H_2O$. Berzelius[7]). $Th(SO_4)_2(K_2SO_4)_4 H_2O$. Berzelius[7]). Chydenius[3]).

Natriumthoriumsulfat. $Th(SO_4)_2 Na_2SO_4 6H_2O$. Clève[8])
Ammoniumthoriumsulfat. $Th(SO_4)_2(NH_4)_2SO_4$. Clève[9]).

Uraniumthoriumsulfat. Hillebrand u. Melville[10]).
Thoriumsulfit. $Th(SO_3)_2 H_2O$. Clève[9]).
Thoriumhyposulfat. $Th(S_2O_6)_2 4H_2O$.
Chydenius[11]), Clève[9]), Klüss[12]).

[1]) K. Vet. Acad. Handl. 1829. St. I. Pogg. Ann. 16, 385—420.
[2]) Jahresber. 1883, 409. Compt. rend. 96, 1860.
[3]) Kemisk. undersökning af Thorjord och Thorsalter. J. D. Helsingfors, 1861. Pogg. Ann. 119, 43.
[4]) Pogg. Ann. 85, 557.
[5]) Jahresber. V. und S. 1874. 261.
[6]) Zeitschr. f. phys. Chemie. 5, 189.
[7]) K. Vet. Acad. Handling. 1829. St. I. Pogg. Ann. 16, 406.
[8]) Bull. soc. chim. (2) 21, 115.
[9]) Bull. Soc. chim. (2) 21, 115.
[10]) Americ. Journ. Chem. 14. 1—9.
[11]) Kemisk undersökning af Thorj. och Thors. J. D. Helsingfors. 1861. Pogg. Ann. 119, 43.
[12]) Liebigs Ann. 246, 286 ff.

Thoriumsulfid. ThS_2. Berzelius[3]), Chydenius[2]), Krüss[5]).
Thoriumoxysulfid. $ThS_2 2ThO_2$. Chydenius[2]), Krüss[5]).
Thoriumselenit. $Th(SeO_3)_2 . H_2O$. Clève[1]), $Th(SeO_3)_2$.
   $8H_2O$. Nilson $2ThO_2 7SeO_2 . 16H_2O$ und $ThO_2 5Se$.
   $8H_2O$ amorphe Salze. Nilson[6]).
Thoriumseleniat. $Th(SeO_4)_2 . 9H_2O$. Clève[1]) Topsoë.
Tellursaure Thorerde. Berzelius[3]).
Tellurigsaure Thorerde. Berzelius[3]).
Phosphorthorium. Berzelius[3]).
Thoriumorthophosphat. $Th_3(PO_4)_4 . 4H_2O$.
   Berzelius[3]), Clève[7]).
Secundäres Thoriumorthophosphat. $Th(HPO_4)_2$
   H_2O. Conrad Volk[8]).
Saures Thoriumorthophosphat. $ThH_2(PO_4)_2 . H_2O$.
   Clève[7]), Troost[9]) und Ouvrard[10]).
Natriumthoriumphosphat. $Na_2O_4 ThO_2 3P_2O_5$.
   Troost und Ouvrard[11]), $Th_2Na(PO_4)_3$. Wallroth[12]).
Kaliumthoriumphosphat. $K_2O_4 ThO_2 3P_2O_5$. Troost
   und Ouvrard[11]).

---

[1]) Bull. Soc. chim. (2) 21, 115.
[2]) Kemisk. undersökning af Thorj. och Thors. J. D. Helsingfors. 1861. Pogg. Ann. 119. 43.
[3]) K. Vetensk. Acad. Handling. 1829. St. I. Pogg. Ann. 16, 406.
[4]) Jahresber. 1863, 194. Bull. Soc. chim. (2) 136. 6. 433. Journ. f. pr. Chem. 95, 128.
[5]) Zeitschr. f. anorg. Chemie, 6, 49—56.
[6]) Research. on the salts af selen. Ups. 75, 112.
[7]) Bull. soc. chim. 21. Bihang. K. Sv. Vet. Acad. Handling. 2. Nr. 6.
[8]) Zeitschr. f. anorg. Chem. 6, 163.
[9]) Compt. rcnd. 101. 210.
[10]) Compt. rend. 105, 30.
[11]) Compt. rend. 105, 30. Ber. d. Dtsch. Chem. Ges. 20, 354.
[12]) Bull. Soc. chim. (2) 39, 318.

Thoriumpyrophosphat. $ThP_2O_72H_2O$. Clève[2]), Kraut[3]).

Natriumthoriumpyrophosphat.$Na_4Th(P_2O_7)_22H_2O$. Clève[2]), Troost und Ouvrard[1]).

Thoriummetaphosphat. $Th(PO_3)_4$. Troost[4]).

Natriumthoriummetaphosphat. $NaO_4ThO_23P_2O_5$. Troost und Ouvrard[1]).

Kaliumthoriummethaphosphat. $K_2O_4ThO_23P_2O_5$. Troost und Ouvrard[5]).

Thoriumphosphit. $Th(HPO_3)_23H_2O$. Berzelius[6]). $Th(HPO_3)_2 8H_2O$. Kauffmann[7]).

Thoriumhypophosphit. $Th(H_2PO_2)_4$ und $Th(OH)$ $(H_2PO_2)_34H_2O$ und $Th(H_2PO_2)_4H_2O$. Kauffmann[7]).

Thoriumsubphosphat. $ThP_2O_611H_2O$. Kauffmann[7]).

Thoriumarseniat. Berzelius[6]).

Thoriumfluorid. $ThFl_44H_2O$.Berzelius[6]), Chydenius[8]).

Kaliumthoriumfluorid. $K_2ThFl_64H_2O$. Berzelius[6]), Chydenius[8]), und $2(K_2ThFl_6)H_2O$. Chydenius[8]); Kraut[9]) vermutet die Zusammensetzung K_2ThFl_6.

Thoriumchlorid. $ThCl_4$. Berzelius[6]), Chydenius[8]),

---

[1]) Compt. rend. 105, 30. Ber. d. Dtsch. Chem. Ges. 20, 354.

[2]) Bull. Soc. chim. 21. Bihang. R. Sv. Vet. Ac. Handl. 2. Nr. 6.

[3]) Gmelin-Kraut (2) 1. 685.

[4]) Compt. rend. 101. 210/212.

[5]) Compt. rend. 102, 1422—1427.

[6]) K. Vet. Ac. Handl. 1829. St. I. Pogg. Ann. 16, 409.

[7]) Inaug. Diss. Rostock 1898.

[8]) Kemisk. unders. af Thj. och Thors. J. D. Helsf. 1861. Pogg. Ann. 119, 43.

[9]) Gmelin-Kraut (2) (1). 693.

Krüss und Nilson[3]), Troost[4]), Nordenskjöld[5]), Smith
und Harris[6]).

Wasserhaltiges Thoriumchlorid. $ThCl_4H_2O$.
Clève[7]), Krüss[8]), $ThCl_4 . 9H_2O$. Rosenheim und
Schilling[9]). (Siehe auch specieller Teil dieser Arbeit);

Kaliumthoriumchlorid. $KTh_2Cl_9 18H_2O$. Berzelius[1]),
Clève[10]).

Ammoniumthoriumchlorid. $(NH_4)_8ThCl_{12} 8H_2O$.
Chydenius[2]).

Thoriumplatinchlorid. $ThCl_4PtCl_4 . 12H_2O$. Clève[10]).

Thoriumplatinchlorür. $2ThCl_4 3PtCl_2 . 24H_2O$.
Nilsen[11]).

Thoriumchlorwasserstoffsaures Pyridin. Rosenheim u. Schilling[9]). Siehe auch spec. Teil dieser Arbeit).

Thoriumoxydichlorid. $ThCl_2(OH)_8 . 8H_2O$. dito.

Thoriumoxtrichlorid. $ThCl_3(OH) . 11H_2O$. dito.

Metathoroxychlorid. $ThO_2 ThCl_4$ oder $ThO_2 HCl$.
Stevens[12]).

Thoriumchlorat und Perchlorat. Clève[7]).

Thoriumbromid. $ThBr_4$. Berzelius[1]), Bunsen[13]).

Wasserhaltiges Thoriumbromid, krystallisiert.
$ThBr_4 . 10H_2O$. P. Jannasch, J. Locke und Lesinsky[14]).

---

[1]) K. Vetensk. Acad. Handling. 1829. St. I. Pogg. Ann. 16, 406.

[2]) Kemisk. unders. af Thorj. och Thors. J. D. Helsf. 1861.
Pogg. Ann. 119, 43.

[3]) Zeitschr. f. phys. Chemie, I. 303.

[4]) Compt. rend. 360, 1885, 3.

[5]) Pogg. Ann. 110, 642, 150, 219.

[6]) Journ. Americ. Chem. Soc. 17, 664—56.

[7]) Bih. till. K. Sv. Vet. Acad. Handling. 74, 2, 10.

[8]) Zeitschr. f. anorg. Chemie, 14, 361.

[9]) Ber. d. Dtsch. Chem. Ges. 33, 978.

[10]) Bull. Soc. chim. (2) 21, 116.

[11]) Journ. f. pr. Chemie (2) 15, 260,

[12]) Zeitschr. f. anorg. Chemie, 27, 41.

[13]) Pogg. Ann. 165. 366 ff.

[14]) Zeitschr. f. anorg. Chemie, 5, 283.

. $8H_2O$ Lesinsky und Gundlich[1]), . $7H_2O$ Rosenheim
und Schilling. (Siehe auch speciellerTeil dieser Arbeit.)

Thoriumoxybromid. $ThBr_2(OH)_2$. Rosenheim und
Schilling[2]). (Siehe auch specieller Teil dieser Arbeit).

Thoriumbromwasserstoffsaures Pyridin. dito.

Thoriumbromat. Clève[3]).

Thoriumjodid. ThJ_4.Chydenius[4]) P.Jannasch, J.Locke
und J. Lesinsky[5]). Lesinsky und Gundlich[1]).

Thoriumjodat. $Th(JO_3)_4$. Clève[6]).

Thoriumperjodat. Clève[6]).

Thoriumwasserstoff. ThH_2. Winkler[7]).

Thoriumamid. Chydenius[4]), Dennis und Kortright[8]).

Thoriumchromat. $Th(CrO_4)_28H_2O$. Berzelius[9]),
Chydenius[5]), Ludwig Haber[10]), Palmer[11]).

Basisches Thoriumchromat. Chydenius[4]).

Thoriummolybdat. Berzelius[9]), Chydenius[4]).

Thoriumwolframat. Berzelius[9]).

Thoriumborat. Berzelius[9]).

Thoriumsilikat. $ThOSiO_2$. Des Cloizeaux[12]),
E. Tschau[13]), ThO_2SiO_2 u. ThO_22SiO_2 Troost und
Ouvrard[14]).

---

[1]) Zeitschr. f. anorg. Chemie, 15, 81.

[2]) Ber. d. Dtsch. Chem. Ges. 33. 978.

[3]) Bih. till. K. Sv. Vet. Acad. Handl. 74, 2.

[4]) Kemisk. undersökning af Thorjord och Thorsalter.
J. D. Helsingfors 1861. Pogg. Ann. 119, 43.

[5]) Zeitschr. f. anorg. Chemie, 5, 283.

[6]) Bih. till. K. Sv. Vet. Acad. Handl. 1874, 2, 10. Nr. 6, 21.
Bull. Soc. chim. (2) 21, 116.

[7]) Ber. d. Dtsch. Chem. Ges. 24, 885. 91.

[8]) Journ. Am. Soc. 18. 947—952. (1890).

[9]) K. Vet. Acad. Handl. 1829. St. I. Pogg. Ann. 16, 385—420.

[10]) Monatshefte f. Chemie 18, 687—699. 1897.

[11]) Americ. Chem. Journ. 1895, 17. 374—379.

[12]) Man. de Min. S. 133, 1862.

[13]) Americ. Journ. of science etc. 2. Sér. 26, 359, 1858.

[14]) Compt. rend. 105. 255—258.

Thoriumsiliciumfluorid. Clève[1])..

Thoriumvanadat. Berzelius[2]), Clève[1]). $Th(HVO_4)_2$ $5H_2O$. Conrad Volk[3]).

Thoriumniobat. $5ThO_2 16Nb_2O_5$. Ahsel Larsson[4]).

Thoriumferrocyanid. $ThFeCy_6 4H_2O$. Berzelius[2]). Clève[5]).

Thoriumplatincyanid. $Pt_2Cy_8Th . 16H_2O$. Clève[5]).

Thoriumplatincyanür. Topsoë[6]).

Thoriumrhodanid. Clève[5]).

Thoriumrhodanidcyanquecksilber. Clève[5]).

Thoriumcarbid. C_2Th. Troost[7]), H. Moissan und d'Etard[8]).

Thoriumcarbonat. $2ThO_2 CO_2 3H_2O$. Berzelius[2]), Chydenius[9]), Clève[5]).

Natriumthoriumcarbonat. $Th(GO^3)_2 3Na_2GO_3$. $12H_2O . Clève[5]$).

Thoriumformiat. $(HCOO)_4 Th$. Berzelius[2]), Chydenius[9]), Clève[5]), Ludwig Haber[10]).

Thoriumacetat. $(C_2H_3OO)_4 Th$. Berzelius[2]) Chydenius[9]), Clève[5]), Urbain[11]).

Basisches Thoriumacetat. $(HO)_2 Th(CH_3COO)_2 . H_2O$. Ludwig Haber[10]).

Thoriumacetylacetonat. $Th(C_5H_7O_2)_4 . Urbain[11]$) und Urbain und Budischowski[12]).

---

[1]) Bih. till. K. Sv. Vet. Acad. Handl. 1874, 2, 10. Nr. 6, 21. Bull. Soc. chim. (2) 21, 116.
[2]) K. Vet. Acad. Handl. 1829. St. 1. Pogg. Ann. 16, 385—420.
[3]) Zeitschr. f. anorg. Chemie, 6, 161.
[4]) Zeitschr. f. anorg. Chemie, 12, 188—207.
[5]) Bull. Soc. chim. (2) 21.
[6]) Ber. d. Acad. d. Wissensch. Wien.
[7]) Compt. rend. 116, 1227.
[8]) C. r. d. Acad. des Scienes 122, 573. — Chem. Ztg. 1896, 241. Ann. Chem. Phys. 12. 427—432.
[9]) Kem. unders. af Thorj. och Thors. J. D. Helsingsfor·, 1861. Pogg. Ann. 119, 43.
[10]) Monatshefte f. Chemie, 18. 695.
[11]) Bull. Soc. chim. (3) 15, 247—249.
[12]) Compt. rend. 73.

Thoriumoxolat. $Th(C_2O_4)_2 2H_2O$. Berzelius[1]),
Chydenius[2]), Clève[8]), Bunsen[4]), P. Jannasch[5]),
C. Glaser[6]), Bohuslav Brauner[7]).

Thoriumkaliumoxalat. $Th(C_2O_4)_2 . 2K_2C_2O_4 . 4H_2O$.
Berzelius[1]), Clève[3]).

Thoriumammoniumoxolat. Bohuslav Brauner[7]).

Thoriumtartrat. $(C_4H_4O_6)_4 Th_3(OH)_4 . 5H_2O$.
Chydenius[2]), Clève[3]).

Thoriumkaliumtartrat. $(C_4H_6O_6)_3 ThK$. Clève[8]).

Weinsaures Thorium. Berzelius[1]), Chydenius[2]),
Clève[8]), Ludwig Haber[8]).

Weinsaures Kaliumthorium. Berzelius[1]), Clève[3]).

Citronensaures Thorium. Berzelius[1]), Chydenius[2]),
Haber[8]).

Aepfelsaures Thorium. Haber[8]).

Bernsteinsaures Thorium. Berzelius[1]), Kauffmann[9]).

Benzoësaures Thorium. Kauffmann[9]).

Salicylsaures Thorium. Kauffmann[9]).

Brenztraubensaure Thorerde. Berzelius.[1]).

Thoriumchlorid mit fetten und aromatischen
Aminen, zahlreiche Salze, dargestellt von J. Merrit
Metthews[10]).

---

[1]) K.Vet.Acad. Handl. 1829. St. I.—Pogg. Ann. 16, 385—420.
[2]) Kem. unders. af Thorj. och Thors. J. D. Helsingfors.
1861. Pogg. Ann. 119, 43.
[8]) Bull. Soc. chim. (2) 21.
[4]) Pogg. Ann. 155, 375.
[5]) Zeitschr. f. anorg. Chemie, 5, 283—287.
[6]) Journ. f. anal. Chemie, 37, 25 u. 36, 216.
[7]) Journ. Soc. of Chem. Ind. 1898, 75, 951.
[8]) Monatshefte f. Chemie, 18, 697.
[9]) Inaug. Diss. Rostock, 1899.'
[10]) Journ. Americ. Chem. Soc. 20, 815—839.

II. Specieller Teil.*)

Die Verbindungen des Thoriums mit Chlor und Brom.

In der vierten Reihe des periodischen Systems, welche die Elemente: Kohlenstoff, Silicium, Titan, Germanium, Zirkonium, Zinn, Cer, Blei und Thorium umfasst, nimmt die Elektropositivität der Elemente mit steigendem Atomgewicht zu.

Während Kohlenstoff und Silicium, als ziemlich starke elektronegative Elemente, nur wenig zur Bildung von Doppelverbindungen mit anderen elektronegativen Gruppen neigen, findet man schon vom Titan eine ziemlich grosse Reihe solcher Körper. Noch stärker tritt diese Neigung beim Zirkon, Cer und beim Thorium hervor, den Elementen, welche die Nebengruppe dieser Reihe bilden.

Je stärker elektropositiv ein Element ist, desto beständiger sind seine Salze mit elektronegativen Elementen, desto weniger sind sie geneigt, unter Abspaltung von Säure in basische Oxysalze überzugehen. Diese Beobachtung findet sich auch bei der vorliegenden Gruppe bestätigt.

Die Titantetrahalogenverbindungen gehen nach den vorhandenen Untersuchungen sehr leicht in Oxy-

---

*) Von den hier erhaltenen Resultaten wurde im März 1900 eine kurze vorläufige Mitteilung in den Berichten der Deutschen Chem. Gesellschaft gemacht. Bd. 33, 977—980.

halogenverbindungen über. König und von der Pfordten [1]) haben die Verbindungen $Ti(OH)_3Cl . 2H_2O$, $Ti(OH)_2Cl_2 . 1\tfrac{1}{2}H_2O$, $TiOHCl_3$ dargestellt. Rosenheim und Schütte [2]) haben das Salz $Ti(OH_3)Br . 1\tfrac{1}{2}H_2O$ in Krystallen erhalten und die Existenz der Verbindung $TiOHBr_3$ nachgewiesen. Daneben sind mehrere komplizierte Oxychloride mit mehr als einem Atom Titan im Molekül bekannt.

Auch die Zirkonhalogenide zeigen eine grosse Neigung, in Oxyverbindungen überzugehen. Es sind bisher die folgenden, hierher gehörigen Verbindungen beschrieben: $ZrOCl_2$ [3]), $ZrOBr_2$ [4]), $ZrBr(OH)_3$ [5]) alle drei Verbindungen sind in mehreren Modifikationen mit wechselndem Krystallwassergehalt gefunden worden. Auch hier kommen noch einige kompliziertere Verbindungen mit 2 Atomen Zirkon im Molekül hinzu.

Von den Verbindungen des vierwertigen Cers — denn mit dem Titan und dem Zirkon einerseits, und mit dem Thorium andererseits, kann man natürlich nur Verbindungen des vierwertigen Elementes vergleichen — sind Oxyhalogenide nicht bekannt, da die vierwertigen Verbindungen leicht zu den dreiwertigen reduziert werden.

Dieselbe Erscheinung, wie in der bisher betrachteten Untergruppe, kann man in der anderen Gruppe der vierten Reihe verfolgen. Von dem noch wenig untersuchten Germanium ist ein Oxychlorid bekannt. Das vierwertige Zinn bildet eine grosse Reihe solcher Verbindungen; es sei hier nur auf die Arbeiten von

[1]) Ber. d. Dtsch. Chem. Ges. 21, 1708, 22, 1485.

[2]) Zeitschr. f. anorgan. Chemie, 26, 239.

[3]) [4]) [5]) cfr. Paykull, Jahresberichte 1873, 263; Mats Weibull, Ber. d. Dtsch. Chem. Ges. 1887, 1394. Meliss. Jahresber. 1870, 328, u. a. m.

Mallet [1]), A. Scheurer - Kastner [2]), Weber [3]), sowie Raymann und Preis [4]) über Zinnoxyhalogenide hingewiesen.

Vom vierwertigen Blei sind keine Oxyhalogenide angegeben.

Während die Neigung zur Bildung von Oxyhalogeniden mit zunehmender Elektropositivität der Metalle naturgemäss abnimmt, nimmt die Neigung zur Bildung von Metallhalogenwasserstoffsäuren mit steigender Elektropositivität zu. Hierauf hat in einer physikalisch - chemischen Arbeit Kowalewsky [5]) hingewiesen. Die Metallhalogenwasserstoffsäuren dieser vierwertigen Elemente müssten in ihrer Zusammensetzung dem Typus der Platinchloridchlorwasserstoffsäure H_2PtCl_6 entsprechen. Thatsächlich stimmt dies für die meisten dargestellten Körper dieser Klasse.

Vom Titan stellten Rosenheim und Schütte [6]) eine Reihe von Doppelhalogeniden dar, dass Ammonium-, Pyridin- und Chinolintitanchlorid, das Ammonium- und Pyridintitanbromid in der dem erwähnten Typus entsprechenden Zusammensetzung, ausserdem ein Anilintitanchlorid von der Zusammensetzung $(C_6H_7N)_4$ H_4TiCl_8.

Von Salzen einer Zirkonhalogenwasserstoffsäure ist nur die auf trockenem Wege durch Sublimation von $ZrCl_4$ über $NaCl$ dargestellte Verbindung Na_2ZrCl_6 [7]) bekannt.

---

[1]) Jahresberichte 1879, 285.
[2]) Jahresberichte 1860, 184 ff.
[3]) Pogg. Ann. 122, 358.
[4]) Journ. 1884, 436, A. 223—253.
[5]) Zeitschr. f. anorg. Chemie, 20, 189.
[6]) Zeitschr. f. anorg. Chem. 26, 239.
[7]) Paykull, Jahresberichte 1873, 263.

Ueber das Cer liegt nur eine hier einschlägige Arbeit vor, die von J. Koppel[1]), welcher das Kalium-, Ammonium-, Pyridin-, Chinolin- und Triäthylamincercbloridᴀ erhielt.

Von den Elementen der anderen Untergruppe bildet vor allem das vierwertige Zinn eine Reihe von Salzen einer Zinnchloridchlorwasserstoffsäure H_2SnCl_6 und einer Zinnbromidbromwasserstoffsäure H_2SnBr_6, die sich sämtlich von dem angegebenen Typus ableiten. Dieselben sind von Raymann und Preis[2]), sowie Seubert[3]) hergestellt worden.

Derivate von Bleihalogenwasserstoffsäuren, welche infolge leichter Reduzierbarkeit einen ziemlich unbeständigen Charakter zeigen, sind von Classen und Zaborsky[4]) und Wells[5]) dargestellt worden.

Von Thorium waren Verbindungen, welche diesem Typus entsprechen, bisher noch nicht bekannt.

Im allgemeinen Teil dieser Arbeit habe ich bei der Betrachtung des chemischen Verhaltens des Thoriums auf die grosse Aehnlichkeit in den Verbindungen desselben mit diesen Elementen der vierten Reihe des periodischen Systems hingewiesen. Es ist darum anzunehmen, dass auch das Thorium befähigt ist, Verbindungen von dem vorbeschriebenen Typus einzugehen.

Ein genaueres Studium der bisher bekannten Verbindungen des Thoriums mit Chlor und Brom gab jedoch bisher keine Stützpunkte für diese Analogien.

Um den vorgenannten Grundstoffen in seinen Halogenverbindungen analog zu sein, müsste das

---

[1]) Zeitschr. f. anorg. Chemie, 18, 305.
[2]) Journ. 1884, 436.
[3]) Ber. d. Dtsch. Chem. Ges. 20 (1) 774.
[4]) Zeitschr. f. anorg. Chem. 4, 100.
[5]) Zeitschr. f. anorg. Chemie, 4, 335.

Thorium z. B. mit Chlor folgende Verbindungen ein-
gehen:

    I. Ein Tetrachlorid ohne Wasser.
    II. Ein Tetrachlorid mit Krystallwasser.
    III. Oxychloride.
    IV. Thoriumchlorwasserstoffsäure.

Von diesen Verbindungen ist nur das wasserfreie
Tetrachlorid genau untersucht. Es wurde von Krüss
und L. F. Nilson[1]) durch Erhitzen von Thoriummetall
in absolut trockenem Chlorwasserstoff dargestellt.

Sie beschreiben dasselbe als farblose, schön glän-
zende, wohl ausgebildete, fächerartig gruppierte Nadeln oder Prismen, welche sich an der Luft nur
langsam verändern. Krystallisiertes wasserhaltiges
Thoriumtetrachlorid ist auch bereits dargestellt worden, jedoch liessen die Mitteilungen in der Litteratur
hierüber, wie wir im Nachfolgenden ersehen werden,
so viele Fragen offen, dass von einer genaueren Cha-
rakterisierung dieses Körpers keine Rede sein konnte.

Thoriumoxychloride sind bisher überhaupt noch
nicht dargestellt worden. Ihre Existenzfähigkeit wird
von einigen behauptet, von anderen entschieden be-
stritten.

Thoriumchlorwasserstoffsäure ist ebenfalls bisher
noch gänzlich unbekannt.

Die angeführten Verbindungen sind nun von mir
genauer untersucht und wie im experimentellen Teil
beschrieben werden soll, neu dargestellt worden.

Durch die Darstellung sowohl wasserhaltiger
Chloride, wie Oxychloride des Thoriums, wie durch
Darstellung von Salzen der Thoriumchlorwasserstoff-
säure wurden Körper erhalten, die den entsprechenden
Zinn-, Zirkon- und Titanverbindungen genau analog

---

[1]) Zeitschr. f. phys. Chemie, I. 303.

sind, und so konnte die volle Analogie des Thoriums mit diesen Elementen weiter gestützt werden. Wie unten beschrieben wird, ist es auch gelungen, die den Chloriden entsprechenden Bromide zu erhalten.

Zunächst sollen aber die Chloride behandelt werden. Zu diesem Zweck muss ich diejenigen Arbeiten, welche sich in der Litteratur finden und welche für die Darstellung dieser Körper von Wichtigkeit sind, einer genaueren Besprechung unterziehen.

In Bezug auf die Darstellung des wasserhaltigen Thoriumtetrachlorids liegen zwei Arbeiten vor. Die erste von Clève [1]) 1874 veröffentlicht, in der Verfasser ein Tetrachlorid beschreibt, das er erhalten hat, indem er salzsaure Thoriumchloridlösung bis zur Syrupkonsistenz eindampfte und den Rückstand krystallisieren liess. Hierbei schieden sich Nadeln in kugelförmigen Aggregaten von Thoriumchlorid mit 11 oder 12 Mol. H_2O ab. Das Salz ist als ein sehr zerfliessliches geschildert, das nur schwer von anhaftendem Syrup getrennt werden kann.

Die zweite Arbeit, die sich in der Litteratur findet, ist aus dem Nachlasse des 1895 verstorbenen Forschers Herrn Professor Gerh. Krüss [2]), von Dr. Wilh. Palmaer in Upsala veröffentlicht.

In derselben vertritt Krüss die Ansicht, dass das Thoriumchlorid, ebenso wie die Chloride einer Anzahl anderer seltener Erden, in Alkohol löslich ist und empfiehlt nun zur Darstellung der wasserhaltigen Chloride der seltenen Erden, dieselben aus Alkohol zu krystallisieren, was nach seiner Erfahrung unter ganz bestimmten Bedingungen auch in grosser Menge ganz bequem möglich ist. Er führt dies beim Thorium

[1]) Bih. till. K. Sv. Vet. Acad. Handl. 2. 20.
[2]) Zeitschr. f. anorg. Chemie. (14, 361).

durch, indem er mit Ammoniak aus Thoriumsulfat gefälltes $Th(OH)_4$ mit absolutem Alkohol wäscht, in eine Volhardsche Vorlage bringt und Alkohol überschichtet. Hierdurch leitet er dann trockene Salzsäure, die lebhaft absorbiert wird, unter Bildung von Thoriumchlorid, das sich in alkoholischer Salzsäure löst. Diese Lösung brachte er im Vakuum über Natronkalk und Schwefelsäure zur Krystallisation. Es schied sich dabei Thoriumchlorid zum Teil in Krusten, zum Teil in prächtigen, wasserklaren Krystallen ab. Nach dieser Vorschrift hat Palmaer das Thoriumchlorid dargestellt und untersucht und dabei ein Salz gefunden, dem er die Formel $ThCl_4 . 7H_2O$ giebt.

In derselben Arbeit ist dann Seite 365 weiter ausgeführt, dass Krüss die nahe Verwandtschaft von Zirkonium und Thorium beachtend, zahlreiche Versuche gemacht hat, ein Thoriumoxychlorid zu erhalten. Zu diesem Zwecke erhitzte er das in obiger Weise dargestellte wasserhaltige Thoriumchlorid im Chlorwasserstoffstrome (auch einmal im Chlorstrome) bei verschiedenen Temperaturen, die zwischen 150° und heller Rotglut variierten. Das Salz sollte in einem Schiffchen erhitzt werden, bis das Gewicht konstant bleibe, was indessen in der Regel nicht erreicht wurde. Auch zeigte der Rückstand kein besonderes charakteristisches Aussehen; es resultierte eine schlammige Masse, die sich nicht klar in Wasser löste.

Versuche, Thoriumerdehydrat in Chlorwasserstoff zu erhitzen, gaben keine besseren Resultate. Die zahlreichen Analysen des Rückstandes ergaben, dass 1,8 bis 2,2 Chloratome auf 1 Atom Thorium kamen, nur zufällig wurden Zahlen gefunden, die der Formel $ThOCl_2$ entsprachen. Aus der Abspaltung von Chlorwasserstoff beim Erhitzen des wasserhaltigen Chlorids glaubt Krüss resp. Palnaer schliessen zu können, dass sich etwa die folgende Reaktion abspielen dürfte:

$$ThCl_4 7H_2O = ThOCl_2 . 2HCl . 6H_2O.$$

Aus den Versuchen konnte Krüss und Palnaer mit Sicherheit weiter nichts folgern, als dass bei steigender Temperatur immer mehr Thorerde entsteht und sie fanden, dass das bei heller Rotglut gewonnene Produkt sich als fast reine Thorerde erwies. Da es nicht möglich schien, auf diesem Wege zu einem einheitlichen Produkte zu gelangen, so hat Palnaer die Krüssschen Versuche nicht weiter fortgesetzt. Palnaer fügt aber dann in seiner Mitteilung noch hinzu, dass ihm die Existenz basischer Thoriumsalze nicht zweifelhaft sei, denn Krüss erwähne in seinem Manuskript, dass man beim Eindampfen einer salzsauren Thoriumchloridlösung auf dem Wasserbade ein zähes Gummi gewinnt, das nicht mehr als 3 Atome Cl auf 1 Atom Thorium enthält.

Die von Krüss gefundene zweifache Krystallisation lässt den Zweifel aufkommen, ob es sich um einen einheitlichen Körper handelt.

Es wurde darum der Krüsssche Versuch, wie im experimentellen Teil näher ausgeführt werden wird, wiederholt und dabei gefunden, dass es sich bei der hieraus erhaltenen Krystallisation um zwei verschiedene Körper handelte, indem die prächtigen, wasserklaren Krystalle das wasserhaltige Tetrachlorid ausmachten, das jedoch der Formel $ThCl_4 9H_2O$ entsprach, während die Krusten bei mikroskopischer Untersuchung sich als feine krystallinische Nädelchen erwiesen, welche, wie genaue Untersuchungen ergaben, aus einem Gemenge von basischen Thoriumchloriden, in der Hauptsache aus den später näher zu beschreibenden Oxydi- und Oxytrichloriden bestanden. Es wurde nun das Augenmerk darauf gerichtet, die verschiedenen Körper isoliert darzustellen, und dies gelang auch,

so dass erstens die Zusammensetzung des wasserhaltigen Thoriumtetrachlorids genau festgestellt
werden konnte, zweitens der Beweis geliefert wurde,
dass auch das Thorium basische Chloride zu bilden
vermag.

Thoriumchlorwasserstoff - Säure.

Wie schon angedeutet, sollte man erwarten, dass
das Thoriumchlorid mit den Chloriden elektropositiver
Elemente, entsprechend dem Verhalten anderer Tetra-
chloride, wie des Titan[1]), Zirkon[2]) und Zinn[3])-Chlo-
rids zu Verbindungen der Zusammensetzung R_2ThCl_6
sich vereinigen müsste, die dann als Salze einer Thoriumchlorwasserstoffsäure aufzufassen wären, entsprechend dem Typus der Platinchlorwasserstoffsäure.
Die bisher erhaltenen Verbindungen bestätigen jedoch
diese Annahme keineswegs, denn das von Clève[4]) beschriebene Kaliumthoriumchlorid hat die Zusammensetzung $KTh_2Cl_9 . 18H_2O$ und Chydenius[5]) stellte ein
Ammoniumthoriumchlorid dar, das der Formel $(NH_4)_3$
$ThCl_{12}8H_2O$ entspricht.

Bei den im experimentellen Teil zu beschreibenden Versuchen gelang es, ein gut krystallisierendes
Pyridinsalz zu gewinnen, das die Existenz einer normal zusammengesetzten Thoriumchlorwasserstoffsäure
beweist.

---

[1]) Ber. d. Dtsch. Chem. Ges. 21, 1708 u. 22, 1485. Zeitschr.
f. anorg. Chem. 26, 239.

[2]) Paykull, Jahresber. 1873, 263. Mats Weibull. Ber. d.
Dtsch. Chem. Ges. 1887, 1394. Meliss, Jahresber. 1870, 328.

[3]) Zinnchlorwasserstoffsäure, Seubert, Ber. d. Dtsch.
Chem. Ges. 20. 793 a. u. Engel, C. r. 103, 213.

[4]) Bull. Soc. chim. (2) 21. 116, u. J. 1874, 261 1c.

[5]) Pogg. Ann. 119, 43. u. J. 1863. Kemisk undersökning
of Thorjord och Thorsalter, Helsingsfors 1861.

Dasselbe hat · die Zusammensetzung: $(C_5H_5N)_2$ H_2ThCl_6.

Trotz mannigfach modifizierter Versuche gelang es nicht, reine Salze dieser Säure mit anderen Basen, z. B. Alkalihydrate, darzustellen. Es scheiterte dies wohl an der starken Zersetzlichkeit der zweifelsohne annehmbaren Verbindungen, besonders da bei der Darstellung wässerige Lösungsmittel nicht ganz zu umgehen waren. Die dissoziierende Wirkung des Wassers konnte daher auch nicht ausgeschlossen werden, und so wurden Produkte erhalten, welche entweder stark zersetzt waren oder eine so geringe Ausbeute ergaben, dass eine eingehende Untersuchung unmöglich war. Wenn diese Körper überhaupt existenzfähig sind, entstehen sie vielleicht erst bei energischer Einwirkung des Tetrachlorids auf die Chloride der Metalle; möglich ist es aber auch, dass die schwache Thoriumchlorwasserstoffsäure sich mit stark elektropositiven Elementen nicht zu verbinden vermag.

Thoriumbromide.

Es war anzunehmen, dass das Thorium mit Brom den Chloriden analoge Verbindungen bilden würde. Hier ist das normale Tetrabromid genauer untersucht worden, während von basischen Bromiden und der Thoriumbromwasserstoffsäure nirgendwo die Rede ist. Es gelang aber dann im Verlauf der vorliegenden Untersuchungen auch diese Körper darzustellen und genau zu charakterisieren.

Berzelius[1]) hat zuerst das Thoriumbromid darzustellen versucht, indem er das Hydroxyd in Bromwasserstoffsäure löste und diese Lösung eindampfte. Er erhielt dabei eine weisse, gummiartige Masse. Als

---

[1]) K. Vet. Acad. Handl. 1829, Pogg. Ann. 16, 385.

solche ist das Thoriumbromid in vielen Lehrbüchern beschrieben, da Bunsen[1] die Versuche von Berzelius bestätigte.

Im Jahre 1893 aber hat P. Jannasch im Heidelberger Universitäts-Laboratorium das Thoriumtetrabromid in schönen Krystallen dargestellt und somit den Beweis geliefert, dass dieser Körper krystallisiert auftritt. Bunsen hatte nämlich nur sehr unreines Thorium zur Verfügung, während Jannasch das Tetrabromid aus ganz reinem Material darstellte, das er vermittelst eines genial ausgedachten Verfahrens aus Orangit gewonnen hatte. Jannasch, der bei seinen Versuchen von J. Locke und J. Lesinsky unterstützt wurde, erhielt Thoriumbromid, indem er das absolut reine Thoriumhydroxyd in frisch destillierte, chlorfreie, wässrige Bromwasserstoffsäure eintrug und die Lösung im Dunkeln über Schwefelsäure eindampfte. Es schieden sich dabei grosse weisse hexagonale Prismen aus, die in Wasser und Alkohol sehr leicht löslich sind.

Das von Jannasch, Locke und Lesinsky gefundene Tetrabromid enthält 10 Mol. Krystallwasser.

Lesinsky[2] hat diese Versuche im Jahre 1897 im College of Pharmacie in New-York nochmals wiederholt und dabei gefunden, dass das Salz auch mit 8 Mol. Krystallwasser aufzutreten vermag.

Ich habe nun, wie im experimentellen Teil näher beschrieben werden wird, auf anderem Wege, als diese Forscher angeben, unter Ausschliessung wässriger Lösungsmittel wie beim Chlorid, dieses Tetrabromid darzustellen versucht und dabei eine Krystallisation erhalten, die genau der von Jannasch beschriebenen entspricht, jedoch nur 7 Mol. Krystallwasser enthielt.

---

[1] Pogg. Ann. 165. 866.
[2] Zeitschr. f. anorganische Chemie, 15, 81.

Da dasselbe unter Vermeidung jeden wässrigen Lösungsmittels dargestellt wurde, so dürfte es wohl als das wasserärmste, krystallisationsfähige Salz dieser Verbindung anzusehen sein, da es nicht mehr Wasser aufnehmen konnte, als unbedingt zu seiner Bildung notwendig war.

Das von Jannasch gefundene, krystallisierte Thoriumtetrabromid scheint also je nach den Versuchsbedingungen mit verschiedenem Krystallwassergehalt aufzutreten.

Thoriumoxybromide sind bisher überhaupt noch nicht dargestellt worden. Aus den angeführten Analogien mit Titan[1]), Zirkon[2]) und Zinn[3]) liessen sich jedoch Schlüsse auf die Existenz derartiger Thoriumsalze ziehen.

Es wurden denn auch Thoriumoxybromide dargestellt. Ebenso gelang es durch Darstellung des Pyridinsalzes dieser Säure die Existenz einer bisher unbekannten Thoriumbromwasserstoffsäure nachzuweisen. Hierin besteht auch zwischen dem Thorium, Titan und Zinn volle Analogie, indem Salze einer Titanbromwasserstoffsäure durch Rosenheim und Schütte[4]) und solche der Zinnbromwasserstoffsäure durch Raymann und Preis[5]) und durch Seubert[6]) nachgewiesen wurden.

---

[1]) Zeitschr. f. anorg. Chem. 26, 239.

[2]) Paykull, Jahresber. 1873, 263. Mats Weibull, Ber. d. Dtsch. Chem. Ges. 1887, 1894; Meliss, Jahresber. 1870, 328.

[3]) Zinnoxybromid: Raymann u. Preis. J. 1884, 436. A. 223, 233.

[4]) Zeitschr. f. anorg. Chem. 26, 239.

[5]) Raymann u. Preis, J. 1884. 436.

[6]) Ber. d. Dtsch. Chem. Ges. 20, (1), 794.

Experimenteller Teil.

Einwirkung von alkoholischer Chlorwasserstoffsäure auf Thoriumoxydhydrat.

I. Darstellung des Thoriumtetrachlorids nach Krüss.

Wie in der Einleitung erwähnt, hat Krüss[1]) zuerst den Versuch gemacht, um die dissoziierende Wirkung des Wassers auszuschliessen, das Thoriumoxydhydrat in Aether und Alkohol zu suspendieren, in das Gemisch Chlor oder trockene gasförmige Salzsäure bis Sättigung einzuleiten und aus der so erhaltenen Lösung durch Verdunsten über Natron und Schwefelsäure das Thoriumtetrachlorid zur Ausscheidung zu bringen.

Auf diese Weise hat Krüss ein Salz gefunden, das teils in Krusten, teils in wasserhellen Krystallen sich ausschied und ungefähr der Formel $ThCl_4 . 7H_2O$ entsprach.

Um nun über die Natur dieses in zweifacher Form auftretenden Tetrachlorids besseren Aufschluss zu finden, wiederholte ich die Versuche von Krüss.

Als Ausgangsmaterial für meine Versuche diente mir absolut chemisch reines Thoriumnitrat der Firma E. de Haen, das sich bei der qualitativen und spektralanalytischen Nachprüfung auf seine Reinheit als ganz einwandsfrei erwies. Das Präparat war rein weiss, es gab weder mit Schwefelwasserstoff, noch die Lösung

---

[1]) Zeitschr. f. anorg. Chem. 14, 365.

in Alkalicarbonaten mit Schwefelammonium eine Ver-
färbung. In Alkalicarbonaten war es bei gehörigem
Ueberschuss vollkommen löslich und wurde weder von
Ammoniak noch durch Verdünnen gefällt. Beim Erwärmen trübte sich die Lösung und schied Thoriumhydrat aus, das sich auf Ammoniakzusatz wieder löste.

Zur Darstellung des Tetrachlorids musste zunächst das Hydrat des Thoriums gewonnen werden.
Um dieses aus dem Nitrat zu gewinnen, wurde folgende Methode als die geeignetste ausprobiert.

Das reine Thoriumnitrat wird in Wasser gelöst
und in der Siedehitze Ammoniak unter Umrühren im
Ueberschuss zugesetzt, wobei das Hydrat sofort als
voluminöser, rein weisser Niederschlag ausfällt. Den
Niederschlag kocht man noch etwas in ammoniaka-
lischer Flüssigkeit auf, damit etwa gebildete basische
Nitrate sich vollkommen umsetzten, decantiert dann
und wäscht mit heissem Wasser gut aus, bis das
Filtrat keine ammoniakalische Reaktion mehr zeigt.
Das Aufkochen des gefällten Hydrates mit Ammon vor
dem Auswaschen ist dringend zu empfehlen, da sich
sonst anscheinend basische Nitrate bilden, die sehr
schwer auszuwaschen sind; das Filtrat darf nachher
keine Salpetersäure-Reaktion mehr zeigen. Es war
nötig, das Hydrat stets frisch zu bereiten, da es bei
längerem Stehen an der Luft stark Kohlensäure an-
zog und in Säuren schwerer löslich war.

Dieses mit Wasser gewaschene Hydrat, welches
infolge seiner colloidartigen Zusammensetzung leicht
etwas trüb durchs Filter läuft, wird nun zunächst
einige Mal mit gewöhnlichem Alkohol, um das Wasser
möglichst zu verdrängen, und dann mit absolutem
Alkohol gewaschen. Hierauf bringt man das Hydrat
in eine Volhardsche Vorlage, schichtet absoluten Alkohol darüber und leitet getrocknetes Salzsäuregas, das

aus Kochsalz und Schwefelsäure dargestellt wurde, hindurch. Unter lebhafter Absorption von Chlorwasserstoffsäure bildet sich eine konzentrierte Auflösung von Thoriumchlorid in alkoholischer HCl; da die Reaktion sehr stürmisch unter starker Wärmeentwicklung vor sich ging, so fand ich es für gut, die Vorlage in Eiswasser zu kühlen.

Die Lösung wurde im Vakuum-Exsikkator über Schwefelsäure und Aetzkali zur Krystallisation gestellt. Nach einiger Zeit schied sich eine Krystallisation aus. Dieselbe entsprach genau der von Krüss beschriebenen, denn sie bestand aus schönen, diamantglänzenden Krystallen, welche fest auf einer aus kleinen weissen Kryställchen zusammengesetzten Kruste hafteten. Eine Untersuchung mit der Lupe, noch mehr aber mit dem Mikroskop, ergab, dass es sich um zweierlei Krystallformen handelte. Die eine bestand aus den schönen diamantglänzenden Krystallen, welche rhombisch mit spitzer Pyramide waren, während die anderen aus feinen Nädelchen bestanden. Mit diesem Material wurden nun eine Reihe von Analysen ausgeführt, welche in ihrer Uebereinstimmung wenig befriedigten, aber doch annähernd Zahlen ergaben, die auf die von Krüss festgesetzte Form eines Tetrachlorids passten. Meist war der Chlorgehalt zu niedrig, als dass 4 Chloratome auf 1 Thoriumatom gekommen wären, auch wurde der Wassergehalt höher gefunden.

Ich versuchte nun, die grossen pyramidalen Krystalle von den kleinen nadelförmigen Krusten mechanisch zu trennen, was jedoch mit ziemlichen Schwierigkeiten verbunden war, da einerseits die Krystalle ausserordentlich fest aneinander hafteten, andererseits sie auch so wasseranziehend und leicht zersetzlich waren, dass ein langes Operieren an der Luft un-

möglich war. Es gelang jedoch einigermassen, die Krystallisation zu trennen und dabei wurde gefunden,
dass bei den grossen Krystallen ziemlich 4 Chloratome
auf 1 Atom Thorium kamen, der Wassergehalt jedoch
höher ausfiel als 7 Mol. auf 1 Mol. Thoriumtetrachlorid. Dagegen war bei den nadelförmigen Krusten der
Chlorgehalt bedeutend geringer, es kamen nur immer
2—3 Chloratome auf 1 Atom Thorium. Dies brachte
mich auf den Gedanken, dass es sich hier vielleicht
um die bisher soviel vergeblich gesuchten basischen
Chloride des Thoriums handelte.

Die eventuelle Annahme, dass hier das Chlorid
eines weniger denn vierwertigen Thoriums vorliegen
könne, wie Troost[1] ein solches gefunden zu haben
glaubt, ist nach meiner Ansicht als ausgeschlossen
zu betrachten, da ja nach den in der Einleitung[2]) an-
gestellten Betrachtungen das Thorium als ein nur
tetravalant auftretendes Element zu betrachten ist
und die Ansicht von Troost durch die Dampfdichtebestimmung des Thoriumchlorids von Krüss und Nilson[3]) längst widerlegt ist.

Es handelte sich nun darum, diese gefundenen
basischen Chloride zu isolieren und chemisch nachzuweisen, ausserdem zu untersuchen, ob der Wassergehalt des Tetrachlorids unter den Umständen nicht
ein anderer sei als der von Krüss gefundene, worauf
die ausgeführten Analysen ja deutlich hinwiesen.

Nach mancherlei Versuchen gelang es denn auch,
nach den unten näher zu beschreibenden Methoden,
welche sich im übrigen eng an die von Krüss an-
gegebene Darstellungsweise anschliessen, zunächst ein

---

[1]) Compt. rend. Cl. 360. 1885. 3.
[2]) Seite 45.
[3]) Zeitschr. f. phys. Chemie, I. 1887. 301. Ber. d. Dtsch.
Chem. Ges., 20, 16, 65.

Oxydichlorid von der Zusammensetzung $Th\frac{(OH)2}{Cl2} \cdot 8H_2O$.
sehr schön zu isolieren und dann aus der Mutterlauge
desselben das Tetrachlorid zu gewinnen, das jedoch
— entgegen der Krüssschen Annahme — nicht mit 7,
sondern mit $9H_2O$ krystallisiert.

Ausserdem gelang es auch noch, ein Oxytrichlorid
von der Formel $Th\frac{(OH)}{Cl_3} \cdot 11H_2O$ darzustellen.

Darstellung des Thoriumoxydichlorids.

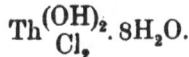

$$Th\frac{(OH)_2}{Cl_2} \cdot 8H_2O.$$

In absoluten Aethylalkohol, welcher sich in einer
mit Eiswasser stark gekühlten Vorlage befand, wurde
vollständig trockenes Salzsäuregas bis zur Sättigung
eingeleitet.

In diese Vorlage trug ich dann unter Schütteln
und zeitweiligem Abkühlen alkoholisches Thoriumoxydhydrat, welches genau wie Seite 70 beschrieben,
dargestellt worden war, in grösserem Ueberschuss ein.
Hierbei ging eine ausserordentlich grosse Menge Thoriumhydrat unter Bildung von Thoriumchlorid und
grosser Wärmeentwicklung in Lösung. Das klare,
gelbliche Filtrat wurde durch Destillation unter vermindertem Druck bei ca. 50 mm eingeengt und dann
über Schwefelsäure und Aetzkali im Vakuum eingedunstet. Erst nach längerer Zeit ergab sich eine Krystallisation, die eine reichliche Ausbeute feiner, rein
weisser Nädelchen ergab, die sich als das gesuchte
Oxydichlorid erwiesen.

Die Analyse führte zu der Formel:

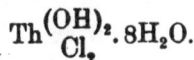

$$Th\frac{(OH)_2}{Cl_2} \cdot 8H_2O.$$

2 Mol. Wasser stammen aus der Neutralisation
des Hydrates, die übrigen Moleküle sind offenbar von

dem durch Einwirkung des Chlorwasserstoffs auf Alkohol entstandenen Wasser entnommen. Es war nun freilich zu vermuten, dass das Salz Krystallalkohol enthalte, indessen erwiesen sowohl eine qualitative Probe mit Jod und Kali, wie die ausgeführten Elementaranalysen, dass dies nicht der Fall ist.

Die Analyse wurde in diesem, wie auch bei den später zu beschreibenden Chloriden in folgender Weise ausgeführt.

Die dickflüssige Mutterlauge wurde von den Krystallen abgegossen und wie beim nächsten Körper beschrieben, behandelt. Die Krystalle wurden mit absolutem Alkohol auf einer Thonplatte gewaschen, sehr rasch zwischen Fliesspapier abgepresst, gewogen und nach der Wägung sofort in Wasser gelöst. Aus dieser Lösung ist das Thorium, wie angestellte Versuche ergaben, beim Kochen mit Ammoniak quantitativ als Hydroxyd ausfällbar. Das Hydroxyd wird dann, nachdem es vollständig ausgewaschen im Platintiegel zu ThO_2 verglüht, als solches gewogen und auf Thorium umgerechnet. Interessant ist, dass das beim Glühen von Thorerdehydrat erhaltene Oxyd schmutzig grau ist, während das beim Glühen des Thoriumoxalats gewonnene Oxyd rein weiss ist. Worauf diese auch von andern [1]) beobachtete Farbenverschiedenheit beruht, ist noch nicht aufgeklärt, jedoch wurden, wie hier beiläufig bemerkt werden soll, von mir sowohl rein dargestelltes, aus Oxalat gewonnenes weisses, wie aus Hydrat gewonnenes graues Oxyd spektroskopisch untersucht, ohne dabei einen Anhaltspunkt für die Verschiedenheiten der Farben zu finden, da Verunreinigungen nicht nachgewiesen werden konnten. Das in der Substanz enthaltene Chlor wurde aus dem

---

[1]) P. Truchot, Les Terres rares, p. 196.

Filtrat oder aus besonders abgewogener Substanz mittelst Silbernitrat als Chlorsilber abgeschieden und als solches gewogen. Das Wasser wurde, da keine anderen Substanzen nachgewiesen werden konnten, zum Teil aus der Differenz berechnet, zum Teil durch gewöhnliche Elementaranalysen bestimmt, wobei gleichzeitig auf die Bildung von CO_2 geachtet wurde. Da solches sich nicht vorfand, konnte also auch kein Krystallalkohol vorhanden sein.

1) Thoriumbestimmung.

Angew. Substanz g	Gefunden		
	g ThO_2	g Th	% Th
0,2878	0,1559	0,1370	47,96
0,1557	0,0854	0,07505	48,20

2) Chlorbestimmung.

Angew. Substanz g	Gefunden		
	g AgCl	g Cl	% Cl
0,2878	0,11134	0,04144	14,45
0,1557	0,0930	0,03332	14.87

Zusammenstellung der berechneten und gefundenen Werte.

	Berechnet	Gefunden	
Th 232,4	48,29 %	48,20 %	47,96 %
Cl 70,8	14,73 „	14,87 „	14,45 „

Eigenschaften des Thoriumoxydichlorids.
$Th(OH)_2Cl_2 . 8H_2O.$

Nach der angegebenen Methode erhält man das Salz als feine, rein weisse Nädelchen. Es ist ziemlich hygroskopisch und zerfliesst an der Luft. Im Exsikkator giebt es bald Chlorwasserstoff ab, wie eine Analyse des Verwitterungsproduktes ergab. Wegen der

starken Wasseranziehung ist es nicht möglich, abgesehen von der Chlorabgabe, ein wasserfreies Produkt im Exsikkator zu erhalten und etwa durch Ge-
wichtsabnahme den Wassergehalt zu bestimmen. In
reinem Wasser löst sich das Salz ungemein leicht klar
auf In absolutem Alkohol löst es sich mit gelblich
grüner Farbe. Setzt man zu dieser Lösung Aether
hinzu, so scheidet sich das Salz unverändert wieder
aus. Auf diese Eigenschaft werde ich später bei der
Besprechung des Tetrachlorids noch einmal zurück-
kommen, da sie für die Beurteilung des Krüssschen
Salzes von Wert ist.

Darstellung des Thoriumtetrachlorids.
$$ThCl_4 . 9H_2O.$$

Aus der Mutterlauge der eben beschriebenen Krystallisation ergab sich bei weiterem Stehen eine
grössere Menge stark diamantglänzender, schön ausgebildeter Krystalle von beträchtlicher Grösse. Es
waren dies offenbar die von Krüss beobachteten Krystalle ohne die weissen Krusten, so dass hier ein reines
Salz vorlag. Die Analyse zeigte, dass das normale
Tetrachlorid der Zusammensetzung $ThCl_4 . 9H_2O$ vorlag. 4 Mol. Wasser stammen aus der Neutralisation
des Hydrates, während die übrigen 5 unter Bildung
von Chloräthyl durch Einwirkung des Chlorwasserstoffs auf Alkohol entstanden sind. Die Analysen,
deren eine grössere Zahl von verschiedenem Material,
jedoch stets gut übereinstimmend ausgeführt wurden,
ergaben folgende Werte[1]: (Es seien hier die Zahlen
der zuerst ausgeführten Analysen mitgeteilt. Es wurde
ebenfalls kein Krystallalkohol in dem Salze gefunden.)

---

[1] Die Ausführung derselben war die gleiche wie beim
Oxydichlorid (auf Seite 74) und braucht darum wohl nicht mehr
genauer beschrieben zu werden.

1) Thoriumbestimmung.

Angew. Substanz	Gefunden		
g	g ThO_2	g Th	% Th
1,1832	0,5863	0,5152	43,63
0,9216	0,4574	0,40196	43,62

2) Clorbestimmung.

Angew. Substanz	Gefunden		
g	g AgCl	g Cl	% Cl
1,1832	1,2682	0,3133	26,49
0,9216	0,9985	0,24645	26,74

Zusammenstellung der berechneten und gefundenen Werte.

	Berechnet		Gefunden		
Th 232,4	43,39 %,		43,63 %,		43,62 „
Cl_4 141,6	26,49 „		26,49 „		26,74 „

Eigenschaften des Thoriumtetrachlorids.
$ThCl_4 . 9H_2O$.

Nach der angegebenen Methode erhält man das Salz in grösserer Menge als schöne prachtvolle, diamantglänzende, wohlausgebildete Krystalle von beträchtlicher Grösse, die an der Luft und im Präparatenglas längere Zeit beständig sind und erst allmählich unansehnlich werden und unter Chlorabgabe zerfliessen. Ich habe das Salz viel beständiger gefunden als Krüss das seinige beschreibt, was wohl darin seinen Grund hat, dass das von mir dargestellte Salz das reine Tetrachlorid ist, während das Krüsssche durch die anhaftenden Krusten des leicht zersetzlichen Oxychlorids zu sehr verunreinigt ist.

Im übrigen entspricht das Salz der Form nach ganz den von Krüss beschriebenen wasserhellen Krystallen. Es ist im Wasser ungemein leicht mit saurer

Reaktion löslich und auch von kaltem Alkohol bedarf
es nur etwa des gleichen Gewichtsteils zur Lösung.
Das Salz ist rhombisch mit ziemlich spitzer Pyramide.
Das Salz verwittert im Exsikkator nur sehr langsam
und ist es nicht möglich, Gewichtskonstans zu er-
reichen; ausser Wasser wird Chlorwasserstoff abge-
geben. Auf diesem Wege zum wasserfreien Chlorid zu
gelangen, scheint — von der Salzsäureabgabe abgesehen — praktisch unausführbar. Auch nicht durch
Erhitzen des wasserhaltigen Chlorids im Chlorwasserstoff oder Chlorgasstrom gelangt man zum wasserfreien Chlorid, wie einige von Krüss gemachten Versuche, welche in der Einleitung [1]) schon erwähnt sind,
beweisen.

Krüss fand nun ferner, dass, wenn er sein Salz in
Alkohol auflöste und zu der Lösung Aether zusetzte,
ein krystallinischer Niederschlag erzeugt wurde, der
ihm aus unverändertem Salz zu bestehen schien. Er
machte jedoch weiter die Beobachtung, dass diese
Fällung niemals eine vollständige war, auch wenn er
zu einer hochgesättigten alkoholischen Lösung bei 0^0
bis zum 20fachen Volumen Aether zusetzte.

Ich habe diese Beobachtung nicht gemacht, sondern ich habe gefunden, dass das reine Tetrachlorid
sich auch in Aether klar löste. Dagegen fiel, wie bei
den Eigenschaften dieses Salzes schon erwähnt, aus
der alkoholischen Lösung des Oxydichlorids durch
Aether dieses Salz aus. Auch diese Beobachtung ist
mir mit ein Beweis, dass das Krüsssche Salz aus einem
Gemenge des Tetrachlorids und Oxychlorids bestand.

Dies letztere hat sich dann allein ausgeschieden,
als Krüss Aether zusetzte und daher konnte er niemals
eine vollständige Fällung erhalten.

---

[1]) Seite 63.

Krüss hatt dann noch weiter die Beobachtung gemacht, dass, wenn er das Salz aus wasserhaltigem
Alkohol umkrystallisierte, oder wenn er zu der ersten
alkoholischen Lösung absichtlich eine hinreichende
Menge Wasser zusetzte, sich Aggregate feiner Nädelchen ausschieden, die er für das Clèvesche Salz mit
11 oder 12 Mol. Wasser hielt.

Auch diese Beobachtung habe ich verfolgt und sie
führte nächst einem genauen Studium des Clèveschen
Salzes zur Darstellung des Oxytrichlorids mit $11H_2O$,
das als nächstes Präparat abgehandelt werden soll.

Versuche
behufs Darstellung des Thoriumoxytrichlorids.

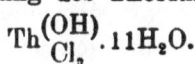

$$Th{(OH) \atop Cl_3}.11H_2O.$$

Berzelius [1]), Chydenius [2]) und Clève [3]) haben ein
Thoriumchlorid erhalten, indem sie wässrige salzsaure Thoriumchloridlösung durch Eindampfen bis zur
Syrupkonsistenz konzentrierten und den Rückstand
krystallisierten.

Nach Clève [3]) scheiden sich hierbei Nadeln in
kugelförmigen Aggregaten von Thoriumchlorid mit 11
oder 12 Mol. Wasser ab. Clève schreibt, dass das Salz
an der Luft sehr zerfliesslich sei und deshalb nur
schwer von anhängendem Syrup getrennt werden
konnte. Dasselbe Salz glaubte Krüss erhalten zu haben,
wenn er zu der alkoholischen Lösung des Tetrachlorids
absichtlich eine hinreichende Menge Wasser zusetzte.

Diese Beobachtung fand ich, wie vorhin [4]) erwähnt, bestätigt. Eine von mir infolge dessen auf-
genommene Untersuchung des gefundenen Salzes

[1]) Pogg. Ann. 16, 385.
[2]) Pogg. Ann. 119. 54.
[3]) Rih. till. K. Sv. Vet. Acad. Handl. (1874). 2, 10: Nr. 6.
[4]) Seite 78.

zeigte mir dann, dass es sich um ein Salz handele, das
zwar ungefähr 11—12 Mol. Wasser habe, jedoch war
der Chlorgehalt bei demselben geringer, als dass auf
1 Atom Thorium 4 Atome Chlor gekommen wären.
Dagegen konnte es sich auch nicht um das vorher beschriebene basische Dichlorid des Thoriums handeln,
denn der Chlorgehalt war bei weitem höher als 2 At.
auf 1 Atom Thorium. Schon besser stimmte es, wenn
man 3 At. Chlor auf 1 At. Thorium angenommen hätte,
so dass also etwa ein basisches Trichlorid des Thoriums vorgelegen hätte. Als ein solches ist das Salz
nun auch thatsächlich anzusehen, jedoch war es so
zerfliesslich und konnte weder mit absolutem Alkohol
noch mit Wasser so von der anhaftenden Salzsäure
befreit werden, dass eine genaue Analyse damit angestellt werden konnte. Es wurde wegen der anhaftenden Chlorwasserstoffsäure immer Chlor zu viel gefunden, so dass der Irrtum von Krüss, der es nicht
genauer analysiert zu haben scheint, leicht erklärlich
ist und es weiter nicht Wunder nimmt, wenn er das
Salz für ein Tetrachlorid angesehen hat. Krüss
glaubte, dass das Salz identisch mit dem von Clève
gefunden sei. Um dies näher zu prüfen und um zu
untersuchen, ob das Clèvesche Salz thatsächlich ein
Tetrachlorid sei, oder vielleicht dieses von mir vermutete basische Trichlorid, wurde eine weitere Untersuchung des Clèveschen Salzes wie nachfolgt aufgenommen. Hierbei bestätigten sich denn auch meine
Vermutungen, jedoch konnte ich auzh nicht auf der
von Clève angegebenen Weise zu einem analysenreinen
Präparate gelangen. Durch vielfach modifizierte Versuchsbedingungen gelangte ich aber doch schliesslich
zu einer Methode, mit deren Hilfe es mir gelang, das
gesuchte Salz schön rein darzustellen und auf diese
Weise des Beweis zu liefern, dass das Thorium nicht

allein überhaupt im Stande ist, basische Chloride zu bilden, sondern auch ganz analog seinen tetravalenten Nachbarn in der vierten Reihe des periodischen Systems verschiedene Hydroxylgruppen gegen Chlor zu vertauschen vermag.

Das gefundene Salz entsprach genau wie vorausgesehen der Formel $Th \frac{Cl_3}{OH} \cdot 11H_2O$ und soll seine Darstellung unten näher ausgeführt werden, nachdem zuerst die Versuche zur Darstellung des Clève'schen Salzes geschildert sind.

Darstellung des Clève'schen Salzes.

Wie erwähnt, hat Clève [1]) ein Thoriumchlorid beschrieben, das er, sowie auch schon Berzelius und Chydenius, durch Abdampfen der salzsauren Lösung erhalten hat und dem er die Formel $ThCl_4 \cdot 11$ oder $12H_2O$ giebt.

Auf folgende Weise wurde das Salz von mir darzustellen gesucht. Mit Ammoniak aus der Lösung des reinen Nitrats frisch gefälltes Thoriumoxydhydrat trug ich, nachdem es gründlich mit heissem Wasser ausgewaschen war, in konz. wässrige Salzsäure (spez. Gew. 1,12) ein, wobei eine grössere Menge Thoriumhydrat gelöst wurde. Diese Lösung engte ich durch starkes Eindampfen bei Wasserbadtemperatur zu einem syrupösen Rückstand so lange ein, bis sich aus demselben eine Krystallisation in feinen Nädelchen abzuscheiden begann. Nachdem diese Krystalle sich durch längeres Stehen vermehrt hatten, versuchte ich dieselben von dem an ihnen haftenden Syrup möglichst zu trennen, was jedoch nur sehr schwierig gelang, da die Krystalle ausserordentlich zerfliesslicher Natur waren und bei etwaigem Waschen mit Alkohol

---

[1]) Bih. till. K. Sv. Vet. Acad. Handl. (1874) 2, 10. Nr. 6.

oder Wasser sofort zergingen. Infolgedessen war es
nicht möglich, ein von dem salzsauren Syrup vollständig freies Salz zu bekommen und fielen darum die
Analysen nur sehr ungenau aus. Die Resultate
schwankten beim Chlor, je nachdem das Präparat
reiner oder unreiner war, zwischen 3 und 4 Atome
Chlor auf 1 Atom Thorium. Der Wassergehalt war
ungefähr 11—12.

Es war mir nicht zweifelhaft, dass das Salz das
von Clève auf demselben Wege gefunden war. Ich
glaubte aber ferner, dass es auch identisch war mit
dem vorher[1]) beschriebenen Salze, das auf Zusatz von
Wasser zur alkoholischen Thoriumchloridlösung entstanden war. Auch glaubte ich mit Bestimmtheit annehmen zu können, dass es sich nicht, wie Clève und
auch Krüss meinten, um ein Tetrachlorid handele,
sondern dass, wie Seite 80 angeführt, ein basisches
Trichlorid vorlag, das ich nur wegen der zu stark anhaftenden Mutterlauge als solches noch nicht genau
identifizieren konnte.

Ich stellte nun verschiedene Versuche an, um die
Reindarstellung des Salzes zu ermöglichen. Es gelang
denn auch nach einer unten näher zu beschreibenden
Methode, welche aus einer Kombination der beiden
bisherigen Verfahren besteht, das Salz analysenfertig
darzustellen und es erwies sich denn auch thatsächlich als das vermutete basische Trichlorid, dessen Darstellung nun näher ausgeführt werden soll.

Darstellung des Thoriumoxytrichlorids.

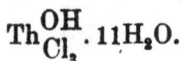

$$Th\frac{OH}{Cl_3} . 11H_2O.$$

Die bei der Darstellung des Thoriumoxydichlorids
Seite 73 beschriebene Lösung von Thoriumchlorid

---

[1]) Seite 78.

wurde unter vermindertem Drucke bei ca. 50 mm so
stark eingeengt, bis ein dicker, syrupöser Rückstand
verblieb, welcher dem aus wässriger Chloridlösung
beim Cleveschen Salz beschriebenen Syrup sehr ähnlich war.

Nachdem sich in diesem Syrup eine Krystallisation
von feinen, weissen Nädelchen abgeschieden hatte,
wurde das Ganze jetzt erst in konz. wässriger Salzsäure (spez. Gew. 1,12) aufgenommen und gelöst. Nach
längerer Zeit krystallisierte ein feines weisses Pulver,
das aus Nädelchen bestand und sich sehr gut
von der Mutterlauge trennen liess. Es war das gesuchte Salz, denn seine Analyse führte zu der Formel
$Th(OH)Cl_3 11H_2O$.

Die Analyse wurde ebenso wie die des Oxydichlorids ausgeführt.[1])

1) Thoriumbestimmung.

Angew. Substanz g	Gefunden		
	g ThO_2	g Th	% Th
0,4458	0,2144	0,1884	42,27

2) Chlorbestimmung.

Angew. Substanz g	Gefunden	
	g Cl	% Cl
0,4458	0,0838	18,75

Zusammenstellung der berechneten und gefundenen Werte.

Berechnet		Gefunden
Th 232	41,97 %	42,27 %
Cl 106	19,20 „	18,75 „

[1]) Seite 74.

Eigenschaften des Thoriumoxytrichlorids.

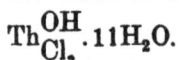

$$Th\frac{OH}{Cl_3} . 11H_2O.$$

Nach der angewandten Methode erhält man das Salz als ein feines krystallinisches Pulver, jedoch nur in geringer Ausbeute, ziemlich hygroskopisch und in Alkohol und Wasser leicht löslich. Das Salz wurde ebeufalls von Krystallalkohol absolut frei befunden. Es gelang nicht, wohl wegen der dissoziierendeu Wirkung des Wassers, aus der Mutterlauge dieser Krystallisation noch ein Tetrachlorid oder eine andere Verbiudung zu isolieren.

Ebenso gelang es nicht, unter Anwendung von nur wässrigen Lösungsmitteln das Salz zu erhalten, sondern nur aus der wässrigen, salzsauren Lösung des syrupösen Rückstandes der eingeengten alkoholischeu Lösung. Denn löste man den aus eingeengter, wässriger Thoriumchloridlösung erhaltenen Syrup, so erhielt man keine Krystallisation mehr,

Es wurden noch mancherlei Versuche angestellt, auch ein Thoriumoxymonochlorid darzustellen. Dieselben führten jedoch zu keinem Resultate, so dass anzunehmen ist, dass letzteres frei, nicht existenzfähig ist.

Darstellung des Thoriumchloridchlorwasserstoffsauren Pyridinsalzes.

$$(C_5H_5N)_2 . H_2ThCl_6.$$

Wie schon in der Einleitung erwähnt, sollte man erwarten, dass das Thoriumchlorid mit den Chloriden elektropositiver Elemente zu Verbindungen der Zusammensetzung R_2ThCl_6 sich vereinigen müsste, die dann als Salze einer Thoriumchloridchlorwasserstoffsäure aufzufassen wären.

Stellt man mit Thoriumoxydhydrat Lösungsver-
suche in wässriger Salzsäure verschiedener Konzentration an, so findet man immer, dass der Thoriumgehalt
der Lösung mit der Konzentration der Säure steigt,
aber in allen Fällen im Verhältnis zur Menge der angewandten Säure nur gering ist. Thoriumchlorwasserstoffsäure oder ein dieser ähnlicher Körper ist in der
Lösung nicht enthalten. Diese Thatsachen erklären
sich leicht, wenn man die grosse Zersetzlichkeit des
Thoriumchlorids durch Wasser bedenkt, denn sie bewirkt, dass bei den Lösungsversuchen sehr bald ein
Gleichgewichtszustand entstehen muss, indem Thoriumchlorid oder eventuell gebildete Thoriumchlorwasserstoffsäure durch Wasser wieder zersetzt wird.
Wann dieser Zustand erreicht wird, hängt von der
Konzentration der Säure und von der Temperatur ab
und es ist sehr wahrscheinlich, dass, wenn die Lösung
des Thoriums in der Hitze vorgenommen wird, infolge
der bei dieser Temperatur stärker hydrolisierenden
Wirkung des Wassers, eine Thoriumchlorwasserstoffsäure überhaupt nicht gebildet werden kann. Treffen
diese Vermutungen zu, so musste notwendigerweise
geschlossen werden, dass durch Anwendung eines
weniger stark hydrolisierenden Lösungsmittels als
Wasser es ist, die Bildung der gesuchten Säure be-
günstigt würde.

Diese Ueberlegung führte dazu, wiederum nur absolut alkoholische Lösungen zu verwenden und in der
Kälte zu operieren. Nach folgender Methode gelang
es, das Pyridinsalz der Thoriumchlorwasserstoffsäure
als gut krystallisierendes Salz zu gewinnen, welches
die Existenz einer normal zusammengesetzten Thoriumchlorwasserstoffsäure beweist.

Darstellung.

Alkoholische Salzsäure wurde in der Kälte, wie beim Oxydichlorid beschrieben, mit alkoholischem Thoriumoxydhydrat gesättigt, ein Teil des Alkohols unter vermindertem Drucke bei ca. 50 mm abdestilliert und die so eingeengte Lösung mit alkoholischer Pyridinchlorhydratlösung versetzt.

Nach einiger Zeit schied sich im Exsikkator über Schwefelsäure in weissen, derben Krystallkrusten ein luftbeständiges, in Wasser und Alkohol lösliches Salz aus, dessen Analyse die Zusammensetzung $(C_5H_5N)_2$ H_2ThCl_6 ergab.

Die Analyse dieses Salzes wurde so ausgeführt, dass das Thorium wieder in der angegebenen Weise als Thoriumoxyd und das Chlor gewichtsanalytisch als Chlorsilber bestimmt wurde. Das Salz wurde frei von Krystallalkohol und Wasser befunden. Zur Bestimmung des qualitativ nachgewiesenen Pyridins wurden zwei Elementaranalysen ausgeführt, eine nach Dumas zur Bestimmung des Stickstoffs und eine nach Liebig zur Bestimmung des Kohlenstoffs und Wasserstoffs.

1) Thoriumbestimmung.

Angew. Substanz g	Gefunden		
	g ThO_2	g Ch	% Th
0,9192	0,4007	0,3522	38,82
0,8461	0,3700	0,3248	38,38

2) Chlorbestimmung.

Angew. Snbstanz g	Gefunden		
	g AgCl	g Th	% Th
0,5202	0,7463	0,1847	35,53
0,8074	1,1876	0,2870	35,55

3) Stickstoffbestimmung.

Angew. Substanz	Gefunden	
g	g N	% N
0,404	0,0187	4,63

4) Kohlenstoffbestimmung.

Angew. Substanz	Gefunden		
g	g CO_2	g C	% C
0,5112	0,3710	0,1012	19,80

5) Wasserbestimmung.

Angew. Substanz	Gefunden		
g	g H_2O	g H	% H
0,5112	0,0906	0,01007	1,97

Zusammenstellung der berechneten und gefundenen Werte.

Berechnet		Gefunden	
Th 232,4	38,35 %	38,32 %	38,38 %
Cl_6 213,0	35,53 „	35,53 „	35,55 „
N_2 28,0	4,62 „	4,63 „	4,62 „
C_{10} 120,0	19,83 „	19,80 „	19,80 „
H_{12} 12,0	1,98 „	1,97 „	1,97 „
605,4	100,31 %	100,25 %	100,32 %

Thoriumbromide.

Wie in der Einleitung gesagt, ist von den Verbindungen des Thoriums mit Brom nur das Tetrabromid untersucht. Basische Thoriumbromide waren bisher überhaupt noch unbekannt. Das Tetrabromid ist in den Lehrbüchern als eine weisse, gummiähnliche

Masse geschildert, die man durch Eindunsten einer
Lösung in wässriger Bromwasserstoffsäure erhält.
Auf diese Weise hatte Bunsen [1]) es erhalten.
.Das Thoriumtetrabromid ist aber von P. Jannasch,
James Locke und Josef Lesinsky [2]) im Heidelberger
Laboratorium im Jahre 1893 krystallisiert dargestellt
worden. Diese Forscher erhielten ein Tetrabromid mit
10 Mol. Wasser, wenn sie Thoriumhydrat in wässriger
Bromwasserstoffsäure lösten. Sie schilderten es als
gut ausgebildete Krystalle und zeigen damit, dass das
Bromid also auch krystallisiert erhalten werden kann.
Sie fanden, dass ihre Lösungen bis auf den letzten
Tropfen krystallisierten und also keine amorphen
oder gummiähnlichen Massen entstanden, als welche
frühere Forscher das Bromid beobachtet haben.

J. Lesinsky und Charles Gundlich [3]) haben dann
in New-York, College of Pharmacie, im März 1897
diese Versuche wiederholt und dabei gefunden, dass
es auch mit 8 Mol. Wasser krystallisiere.

Um zu sehen, ob dieses Salz auch aus alkoholischen Lösungen erhältlich sei, und ferner, um zu
sehen, ob das Salz nicht auch noch mit anderem
Wassergehalte auftrete, versuchte ich ein Thoriumtetrabromid analog der Darstellung der Chloride aus
absolut alkoholischen Lösungen zu erhalten. Es gelang
denn auch ein Tetrabromid sehr schön zu isolieren,
das in der äusseren Form ganz dem von Jannasch ge-
schilderten entsprach, jedoch enthielt es nur 7 Mol.
Krystallwasser. Es scheint also diesen Satz sowohl
mit 10 Mol. als auch mit 8 und 7 Mol. Krystallwasser
aufzutreten, je nachdem man es aus wässrigen oder
alkoholischen Lösungen darstellt.

---

[1]) Pogg. Ann. 165, 366 ff.
[2]) Zeitschr. f. anorg. Chemie, 5. 268.
[3]) Zeitschr. f. anorg. Chemie, 15.

Basische Bromide sind bisher noch gar nicht dargestellt worden. Es gelang mir aber, auf ähnlichem
Wege wie die basischen Chloride solche darzustellen
und damit deren Existenz zu beweisen. Es wurde das
vollständig dem Oxydichlorid entsprechende Oxydibromid dargestellt und ferner ein etwas komplizierter
zusammengesetztes, bei dem auf 2 Atome Thorium
5 Atome Brom kommen.

Letzteres soll zuerst beschrieben werden, da es
das erste Produkt war, welches bei der Einwirkung
alkoholischer Bromwasserstoffsäure auf Thoriumhydrat erhalten wurde.

Einwirkung alkoholischer Bromwasserstoffsäure auf Thoriumoxydhydrat.
Darstellung des Dithoriumtrioxypentabromids.

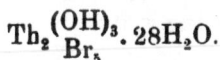

$$Th_2 \frac{(OH)_3}{Br_5} . 28 H_2O.$$

Aus chlorfreiem Brom wurde mit Hilfe von Phos-
phor und Wasser Bromwasserstoffsäure dargestellt,
diese unter mehrfachem Trocknen überdestiliert und
in absolutem Aethylalkohol, welcher sich in einer stark
gekühlten Vorlage befand, eingeleitet. In diese alkoholische Bromwasserstoffsäure wurde das wie oben[1]
geschildert dargestellte alkoholische Thoriumoxydhydrat bis zur Sättigung unter Schütteln und
zeitweiligem Abkühlen eingetragen.

Es ging eine beträchtliche Menge Thoriumhydrat
unter Bildung von Thoriumbromid und, wie deutlich
wahrnehmbar, von Bromäthyl in Lösung. Die klare
grünliche Lösung wurde unter vermindertem Druck
bei ca. 50 mm eingeengt und über Schwefelsäure im
Exsikkator eingedunstet. Nach langer Zeit krystallisierten kleine weisse Krystalle, deren Analyse auf die
Formel $Th_2Br_5(OH)_3 . 28H_2O$ hinwies.

---

[1] Seite 70.

Die Analyse wurde ganz, wie in früheren Fällen[2]) beschrieben, ausgeführt, wobei das Brom wie das Chlor als Silbersalz abgeschieden wurde.

1) Thoriumbestimmung.

Angew. Substanz	Gefunden		
g	ThO_2 g	g Th	% Th
0,3893	0,1405	0,1265	32,50
0,5038	0,1833	0,1611	31.97

2) Brombestimmung.

Angew. Substanz	Gefunden		
g	AgBr g	Br g	% Br
0,3893	0,2332	0,11007	28,27
0,5038	0 8038	0.14339	28,46

Zusammenstellung der berechneten und gefundenen Werte.

Berechnet		Gefunden	
Th_2 464	32,5 %	32,50 %	31,97 %
Br_5 400	28,6 „	28,27 „	28,46 „

Eigenschaften des $Th_2Br_5(OH)_3 . 28H_2O$.

Nach der angegebenen Methode erhält man das Salz als kleine weisse Krystalle, an der Luft nicht sehr beständig, nach einiger Zeit unter Abgabe von Brom zerfliessend.

In Wasser und Alkohol ist es leicht löslich und frei von Krystallalkohol.

Darstellung des Thoriumtetrabromids.
$ThBr_4 . 7H_2O$.

Aus der Mutterlauge der eben beschriebenen Krystallisation ergab sich bei weiterem Stehen eine

---

[1]) Seite 74.

grössere Menge gut ausgebildeter, schöner, grosser
Nadeln, welche an der Luft schnell unter Abgabe von
Bromwasserstoffsäure zerfliessen.

Die Analyse zeigte, dass das normale Tetrabromid
der Zusammensetzung $ThBr_4 . 7H_2O$ vorlag.

Die Analyse ergab folgende Resultate:

1) Thoriumbestimmung.

Angew. Substanz	Gefunden		
g	g ThO_2	g Th	% Th
1,9357	0,6405	0,5655	34,23
2,5070	0,9485	0,8563	34,10

2) Brombestimmung.

Angew. Substanz	Gefunden		
g	g AgBr	g Br	% Br
2,5070	2,7144	1,0868	47,84
0,5000	0,5844	0,2758	47,55

Zusammenstellung der berechneten und gefundenen Werte.

Berechnet		Gefunden	
Th 232	34,26 %	34,23 %	34,10 %
Br_4 320	47,17 „	47,34 „	47,55 „

Eigenschaften des Thoriumtetrabromids.
$ThBr_4 . 7H_2O$.

Das Salz besteht, wie Jannasch beschrieben, aus
feinen Nadeln oder Prismen und ist rein weiss. Es
wurde in grosser Ausbeute erhalten und waren in der
Mutterlauge nur noch geringe Mengen von Thorium
nachzuweisen. Das Salz ist in Wasser und Alkohol
leicht löslich.

An der Luft zieht es stark Wasser an und zerfliesst. Im Exsikkator zersetzt es sich bald unter Ent-

wicklung von Bromwasserstoff, noch rascher beim Erwärmen. Bei niederen Temperaturen im Eisschrank
hält es sich ziemlich lang. Das Salz konnte auch erhalten werden, wenn die alkoholische Lösung nicht
besonders eingeengt wurde. Es krystallisierte dann
nicht als erster Anschuss ein basisches Bromid, jedoch
schien mir das so erhaltene Salz doch in geringer
Weise mit basischen Bromiden vermischt zu sein, so
dass ich die oben beschriebene Darstellungsweise vor-
ziehe.

Versuche mit der alkoholischen Thoriumbromidlösung zur Darstellung weiterer basischer Bromide.

Da die Versuche zur Darstellung basischer Chloride so günstige Resultate ergeben hatten, dass diese
bis dahin vergebens gesuchten Körper genau charak-
terisiert werden konnten, war die Anregung gegeben,
weiter auch zu untersuchen, in wie weit das Thorium
mit Brom sich zu basischen Salzen zu vereinigen vermag. Es lag natürlich nahe, hierbei genau so zu verfahren, wie bei der Darstellung der Chloride.

Eine Untersuchung der alkoholischen Lösung des
Thoriumbromides ergab folgendes:

Setzte man zu derselben Wasser zu, so schied
sich kein Salz, wie beim Chlorid ab. Setzte man zu
der Lösung Aether zu, so schied sich, wie beim Chlorid,
ein krystallinischer Niederschlag aus, jedoch in so
geringer Menge, dass eine eingehende Untersuchung
nicht gut möglich war. Ich glaube jedoch annehmen
zu können, dass es Krystalle des oben [1]) beschriebenen
basischen Bromids von 2 At. Thorium auf 5 At. Brom
waren. Dampfte man die Lösung bis zur Syrupkonsistenz ein, so schieden sich ebenfalls wieder Nädel-

---

[1]) Seite 89.

chen aus, die jedoch nicht von anhaftendem Syrup so getrennt werden konnten, dass eine Analyse möglich gewesen wäre. Während sich das Oxydichlorid als erste Krystallisation der alkoholischen Lösung des Thoriumchlorids ergeben hatte, hat sich, wie bereits geschildert, als erste Krystallisation der alkoholischen Bromidlösung das basische Bromid mit 5 At. Brom auf 2 Thoriumatome ergeben. Ein Versuch, den durch Eindampfen der Lösung gewonnenen Syrup mit wässriger Bromwasserstoffsäure zu lösen, welcher analoge Vorgang beim Chlorid zur Bildung des Oxytrichlorids geführt hatte, ergab ebenfalls keine brauchbaren Resultate.

Der Syrup löste sich nur sehr wenig in wässriger Bromwasserstoffsäure und aus dieser Lösung krystallisierte das von Jannasch und Lesinsky beobachtete Tetrabromid mit 8 Mol. Wasser, jedoch sehr langsam aus.

Es wurde nun der Versuch gemacht, den Syrup in der alkoholischen Lösung des Thoriumbromids wieder aufzunehmen und dies führte dann zur Darstellung des gesuchten Oxydibromids, die nachfolgend beschrieben werden soll.

Darstellung des Thoriumoxydibromids.

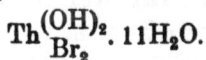

$$Th\genfrac{}{}{0pt}{}{(OH)_2}{Br_2}. \, 11H_2O.$$

Die vorher beschriebene alkoholische bromwasserstoffsaure Lösung von Thoriumbromid wurde im Vakuum so stark eingeengt, bis sich aus dem erhaltenen Syrup kleine Krystalle ausschieden. Diese wurden wieder in einem ganz geringen Ueberschuss der alkoholischen Thoriumbromidlösung aufgenommen und über Schwefelsäure eingedunstet. Es ergaben sich zunächst krystallinische Körper, deren Analysen nur auf ziemlich komplizierte Formeln stimmten. Bei ganz langsamem Verdunsten der weiteren Anschüsse dieser Krystallisationen aber wurden kleine quadratische, ziemlich luftbeständige Krystalle erhalten, die sich bei der mikroskopischen Untersuchung als homogen erwiesen. Die Analyse zeigte, dass ein, dem oben beschriebenen Oxydichlorid analoges Oxydibromid der Formel

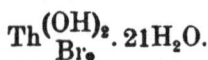

$$Th\binom{(OH)_2}{Br_2} \cdot 21H_2O.$$

vorlag.

Die Analyse wurde wieder in derselben Weise ausgeführt, wie diejenige der obigen Bromide.

1) Thoriumbestimmung.

Angew. Substanz	Gefunden		
g	g ThO$_2$	g Br	% Th
0,4980	0,2082	0,1829	37,00
0,3675	0,1581	0,1389	37,08

2) Brombestimmung.

Angew. Substanz	Gefunden		
g	g AgBr	g Br	% Br
0,3127	0,1689	0,0792	25,49
0,2587	0,1387	0,06546	25,34

Zusammenstellung der berechneten und gefundenen Werte.

Berechnet		Gefunden	
Th 132,4	37,22 %	37,00 %	37,08 %
Br$_2$ 160	25,62 „	25,49 „	25,34 „

Eigenschaften des $Th\binom{(OH)_2}{Br_2} \cdot 11H_2O$.

Nach der angegebenen Methode erhält man das Salz als kleine, quadratische, weisse Krystalle, die an der Luft ziemlich beständig und in Wasser und Alkohol leicht löslich sind.

Darstellung des Thoriumbromidwasserstoffsauren Pyridinsalzes.

$(C_5H_5N)_2H_2ThBr_6$.

Es gelang auch, das dem oben beschriebenen Thoriumchlorwasserstoffsauren Pyridin analoge bromwasserstoffsaure Pyridin darzustellen und somit die Existenz einer normal zusammengesetzten Thoriumbromidbromwasserstoffsäure zu beweisen.

Aethylalkoholische Bromwasserstoffsäure wurde, wie beim Oxybromid schon beschrieben, in der Kälte mit äthylalkoholischen Thoriumoxydhydrat versetzt, wobei eine grosse Menge Thoriumhydrat zu Thoriumbromid gelöst wird. Nachdem ein Teil des Alkohols unter vermindertem Druck abdestilliert, wurde frisch bereitetes äthylalkoholisches Pyridinbromhydrat hinzugegeben. Aus der Lösung krystallisierte über Schwefsäure ein dem entsprechenden chlorwasserstoffsauren Salze äusserlich sehr ähnliches Salz aus, welches wie dieses aus weissen, zu festen Krusten vereinigten Krystallen bestand.

Die Analyse ergab die Formel:

$(C_5H_5N)_2H_2ThBr_6$.

1) Thoriumbestimmung.

Angew. Substanz g	Gefunden		
	g ThO₂	g Th	% Th
0,9843	0,3047	0,2678	27,00
0,8432	0,2869	0,23009	27,01

2) Brombestimmung.

Angew. Substanz g	Gefunden		
	g AgBr	g Br	% Br
0,9843	1.1190	0,5204	55,10
0,8432	0,9760	0,4607	55,09

3) Stickstoffbestimmung.

Angew. Substanz	Gefunden	
g	g N	% N
0,4571	0,01508	3,30

4) Kohlenstoffbestimmung.

Angew. Substanz	Gefunden		
g	g CO_2	g C	% C
0,8121	0,4188	0,0952	13,70

5) Wasserbestimmung.

Angew. Substanz	Gefunden		
g	g H_2O	g H	% H
0,8121	0,0855	0,0095	1,37

Zusammenstellung der berechneten und gefundenen Werte.

Berechnet		Gefunden	
C 120,0	13,76 %	13,70 %	13,76 %
H 12,0	1,37 „	1,38 „	1,37 „
N 28,0	3,21 „	3,30 „	3,21 „
Br 480,0	55,02 „	55,10 „	55,09 „
Th 232,4	26,64 „	27,00 „	27,01 „
872,4	100,00 %	100,48 %	100,44 %

Eigenschaften des Thoriumbromwasserstoffsauren Pyridin.

$(C_5H_5N)_2H_2ThBr_6$.

Nach der angegebenen Methode erhält man das Salz in reichlicher Menge als einen dem entsprechenden chlorwasserstoffsauren Salze ausserordentlich ähnlichen Körper.

Es krystallisiert wie dieses in zu festen Krusten vereinigten Krystallen, die jedoch etwas gelblich gefärbt sind, ist weniger luftbeständig als das Chlorid und giebt ziemlich schnell Bromwasserstoffsäure und Brom unter intensiver Gelbfärbung ab.

Es ist leicht löslich in Wasser sowie in absolutem Alkohol.

II. Teil.

I. Beiträge zur Kenntnis der Thorit-Mineralien.
(Thorit und Orangit.)

II. Quantitative Trennungen mit Hydroxylamin.
a) Thorium und Uran.
b) Eisen und Uran.

III. Quantitative Fällungen von Thorium
durch einige organische Säuren und deren Salze.

Einleitung.

Historisches.
Entdeckung, Vorkommen und Untersuchungen des Minerals.

Der Thorit wurde 1828 vom Probste M. Thr. Esmark[1]), einem Sohne des berühmten Professors der Mineralogie und Geologie an der Universität Christiania, Jens Esmark, entdeckt. Dieser fand ihn auf der Insel Lövö im Langesundfjord im Syenite vor.

1829 lieferte Berzelius[2]), welcher das Mineral von dem Entdecker erhalten hatte, eine Analyse desselben und entdeckte dabei ein neues Element, das Thorium.

Berzelius[2]), beschreibt das Mineral in folgender Weise:

„Das Mineral ist schwarz, ohne Anzeichen von krystallinischer Gestalt oder Textur und gleicht im äusseren Aussehen vollkommen dem Gadolinit von Ytterby; auswendig ist es zuweilen mit einem dünnen rostfarbenen Ueberzug bekleidet. Es ist sehr brüchig und voller Sprünge, in denen es, wenn man sie öffnet, einen matten Fettglanz zeigt, während ganz frische Bruchflächen einen Glasglanz haben. Es ist schwer; sein spez. Gew. beträgt 4,63. Es ist nicht besonders hart, wird leicht vom Messer geritzt und hat einen

---

[1]) Pogg. Ann. 15. 633.
[2]) K. Vetensk. Acad. Handling. 1829. St. I. Pogg. Ann. 16. 384. 1829 a. d.

grauroten Strich. Das Pulver des Minerals hat eine
blass-braunrote Farbe, die desto heller wird, je feiner
man das Pulver zerreibt."

Berzelius führt dann an einer späteren Stelle aus,
dass das Mineral eine neue Erde enthalte, welche er,
da sie der früher von ihm fälschlich gefundenen Thorerde[1]) sehr ähnlich sei, Thorerde benannte und dementsprechend das Mineral Thorit.

Als Resultat einer Analyse dieses Minerals giebt
Berzelius an:

	In 5 g	In 100 Th
Thorerde	2,8905	57,91
Kalkerde	0,1288	2,58
Eisenoxyd	0,1700	3,40
Manganoxyd	0,1195	2,39
Talgerde	0,0180	0,36
Uranoxyd	0,0804	1,61
Bleioxyd	0,0400	0,80
Zinnoxyd	0,0050	0,01
Kieselerde	0,9490	18,98
Wasser	0,4750	9,50
Kali	0,0070	0,14
Natron	0,0049	0,10
Thonerde	0,0030	0,06
Ungelöstes Steinpulver	0,0700	1,70
Verlust	0,0359	0,49
	4,9970	100,03

Das Mineral fand aber nach diesen von Berzelius
gemachten Mitteilungen wenig Beachtung bei den
wissenschaftlichen Forschungen der folgenden Jahre.
In der Litteratur wird seiner nur erwähnt 1836 von
M. Thr. Esmarck[2]), 1843 von Scheerer[3]), welcher den

---

[1]) Siehe Seite 13 dieser Arbeit.
[2]) Mag. f. Naturw. Christiania, 1836. 2. Ser. 2,277.
[3]) Neues Jahrbuch f. Min. 1843. S. 642.

Thorit ausser auf Lövö, wo er bis dahin nur bekannt war, auch auf der Insel Smedholmen fand. 1845 beschreibt Scheerer[1] in einer Arbeit über norwegische Mineralien das grösste, bis dahin gefundene Stück Thorit. Es wog $54\tfrac{1}{2}$ g und wird in der Mineraliensammlung zu Christiania aufbewahrt.

Scheerer ist der Ansicht, dass der Thorit ein konstanter Begleiter eines bräunlichen, längen und dünnstrahligen Natron-Mesotyp (Bergmannit) sei, in welchem eingewachsen Propst Esmark meist den Thorit fand. Auch Scheerer selbst hat in diesem Natron-Mesotyp kleine Körner von Thorit gefunden.

Weitere Mitteilungen über Thorit finden sich dann noch 1847 bei A. Dufrenoy[2] und 1848 bei P. C. Weibye[3], welche sich mit der krystallographischen Beschaffenheit des Minerals befassen.

(Orangit.) Im Herbst 1850 fand der bekannte Mineralienhändler Dr. A. Krantz in Bonn[4] unter mehreren neuen norwegischen Mineralien eines mit der Bezeichnung Varietät vom Wöhlerit. Das Mineral hatte viel Aehnlichkeit mit dem früher von Krantz[5] entdeckten Enkolith (Eukolith?), erwies sich jedoch als etwas Neues und Krantz führte es unter dem Namen Orangit, mit Bezug auf seine Farbe, in die Wissenschaft ein.

Das Mineral stammte aus der Gegend von Brewig im Langesundfjord. Es fand sich dort in Feldspath eingewachsen, begleitet von Mosandrit, schwarzem Glimmer, Hornblende (Aegirin), Thorit, Zirkon und Erdmannit.

---

[1] Pogg. Ann. 65, 298.
[2] Traité d. Min. 3, 579.
[3] Karsten u. v. Dechen's Arch. etc. 22, 538.
[4] Pogg. Ann. 82, 586. Ann. d. Chem. 80, 267.
[5] Pogg. Ann. 72, 561.

Schon Krantz macht in seiner ersten Veröffent-
lichung auf die innige Verwachsung des Minerals mit
Thorit aufmerksam. Er beschreibt zwei Exemplare,
welche ganz von einem Thorit-Saume umgeben sind
und deutet an, dass sich hieraus vielleicht auf ein
Uebergehen des Thorit in Orangit schliessen lässt,
eine Ansicht, die, wie wir später sehen werden, wohl
als richtig anzusehen ist.

Dieses von Krantz gefundene Material wurde von
Professor Bergemann [1]) analysiert. Dieser fand darin
eine ihm unbekannte Erde, die er Donarium nannte,
die sich aber später als mit Thorium identisch heraus-
stellte. Das Mineral hatte nach Bergemann ein spez.
Gew. von 5,397 und der Verfasser giebt folgende Resultate seiner Analyse an:

Kieselsäure	17,695
Donaroxyd	71,247
Kohlensaures Kali	4,042
Eisenoxyd	0,310
Bittererde und Manganoxyd	0,214
Kali mit ein wenig Natron	0,303
Wasser	6,900
	100,711.

1852 fand dann zunächst Damour [2]), dass das
Donarium mit Thorium identisch ist und er zieht
daraus den Schluss, dass der Orangit dasselbe Mineral
wie Thorit sei. Er ist der Ansicht, dass sich der
Orangit von letzterem nur durch seine minder dunkle
und orangegelbe Farbe unterscheidet, und macht
darauf aufmerksam, dass beide Mineralien dieselben
kleinen Mengen von den Oxyden des Bleies, Eisens,
Mangans, Urans usw. enthalten.

---

[1]) Pogg. Ann. 82, 561.
[2]) Ann. d. mines, 4. Sér. 5, 587; Compt. rend. 34, 685;
Pogg. Ann. 85, 555.

Damour [1]) giebt als Resultat einer von ihm an-
gestellten Analyse des Orangits folgende Zahlen an:

Kieselerde	0,1752 g
Thorerde	0,7165 „
Kalk	0,0159 „
Bleioxyd	0,0088 „
Uranoxyd	0,0113 „
Manganoxyd	0,0028 „
Eisenoxyd	0,0031 .,
Bittererde	Spur
Thonerde	0,0017 „
Kali	0,0014 ,,
Natron	0,0033 „
Wasser u. Spuren v. Kohlensäure	0,0614 „

Gleich Damour erklärt auch N. J. Berlin [2]) das im
Orangit gefundene Donarium für Thorium. Er fand
als Resultat seiner Analyse des Orangits:

	In 100 Th
Kieselsäure	17,78
Thorerde	73,29
Kalkerde	0,92
Oxyde von Uran, Eisen, Zinn und Vanadium	0,96
Glühverlust, Wasser	7,12

Bergemann [2]) erkannte bald darauf selbst die
Identität von Donaroxyd mit Thorerde an, war aber
der Ansicht, dass Orangit und Thorit verschiedene
Mineralien seien, indem er ausser auf den Unterschied
in der Farbe auch auf die Differenzen im spez. Gew.
aufmerksam macht.

Bergemann führt dann auch noch eine Analyse
des Thorits aus, als deren Resultate er angiebt:

Kieselsäure	19,215 %
Thorerde	56,997 %
Wasser	9,174 %

[1]) Compt. rend. 34 p. 685, 3. Mai 1852. Recherch. chim.
sur un nouvell oxyde etc.
[2]) Pogg. Ann. 85, 556 und 87, 608.

Die übrigen Stoffe hat er quantitativ nicht bestimmt, hat sich aber von der Gegenwart nicht unbedeutender Mengen von Eisen, Mangan, Kalk, sowie von Spuren von Blei, Uran und Zinn überzeugt.

Mit den mineralogischen Eigenschaften von Thorit resp. Orangit befassen sich dann im Jahre 1854 H. Dauber[1]), welcher den Orangit als eine Pseudomorphose nach Feldspath auffasst. Ferner 1856 D. Forbest[2]), sowie 1858 E. Zschau[3]).

Die Auffassung, dass der Orangit nur als eine reinere und frischere Varietät des Thorit sei, wurde 1859 von Scheerer[4]) näher begründet. Er zeigte, dass die beiden Mineralien nicht nur chemisch sehr nahe stehen, sondern sich auch mineralogisch eng aneinander schliessen. Er beobachtete, dass der Thorit meist die äusseren Partieen des im Zirkon-Syenit Norwegens eingewachsenen Orangits bilde, wobei mitunter das eine, mitunter das andere Mineral die Oberhand habe. Beide Mineralien besitzen nach Scheerer keine scharfen Grenzen gegeneinander, sondern sind oft innig miteinander verwachsen, wobei der Thorit stellenweise die inneren Teile grösserer Orangitpartieen aderartig durchschwärmt. Gerade hieraus glaubt er zu der Vorstellung neigen zu dürfen, den Thorit als Umwandlungsprodukt des Orangits zu betrachten.

Auch J. J. Chydenius[5]) erklärte 1861 nach genauem Studium beide Mineralien für identisch, jedoch mit verschiedenem Wassergehalte und verschiedenem

---

[1]) Pogg. Ann. 92, 250.
[2]) Edinb. neuw. phil. journ. 1856, 8. 60.
[3]) Americ. Journ. of Science etc. 2 Sér. 26, 359.
[4]) Berg- u. Hüttenm. Zeitschr. 19, 124 und neues Jahrbuch f. Min. 1860, 569.
[5]) Kemisk undersökning af Thorjord och Thorsalter. Inaug. Diss. Helsingfors 1861. Pogg. Ann. 119, 43.

spez. Gew. Er fand das spez. Gew. des Orangits =
4,888—4,939—4,980—5,015—5,031—5,137—5,205. Das
spez. Gew. des Thorits = 4,344—4,397.

Chydenius fand im Orangit:

Kieselerde	17.76
Thorerde	73,80
Kalk	1,08
Bleioxyd	1,18
Wasser	6,45
	100,27.

A. Breithaupt[1]) beschreibt 1866 eine derbe Masse
von Orangit und Thorit in der Art zusammen-
gewachsen, dass der Orangit als das ältere Gebilde
von dem Thorit umgeben wird. Er führt aus, dass
bei dieser Stufe beide Massen in ihrer charakteristi-
schen Beschaffenheit erscheinen, mit dem lebhaftesten
Glanze und dass sich die Spaltungsrichtungen des
einen in das andere bei völlig paralleler Spiegelung
fortsetzten.

Auch A. E. Nordenskjöld[2]) bestätigt 1876 die
Auffassung, dass Orangit das ursprüngliche Material
sei. Er entdeckte den Thorit, der bis dahin nur in der
Nähe von Brewig gefunden war, in mehreren Zoll
grossen, zirkonähnlichen, tetragonalen Krystallen auf
den Feldspathgängen in der Nähe Arendals.

Eine Analyse desselben ergab:

Kieselsäure	17,04
Phosphorsäure	0,86
Kalkerde	1,99
Magnesia	0,28
Ceriumoxyd	1,39

[1]) Min. Studien, Sep. aus d. Berg- u. Hüttenm. Zeitschr. S. 82.
[2]) Geol. För. Förhandl. 1876 B. III. No. 75, 226-229.
Gr. Zeitschr. f. Kryst. S. 383-384.

Thorerde	50,06
Mangan	Spur.
Eisenoxyd	7,60
Uranoxydul	9,78
Bleioxyd	1,67
Wasser	9,46

Im Jahre 1877 wurde dann Orangit von Forster Heddle[1]) in Ben Bhreck Tongue Schottland entdeckt.

1880 entdeckte Collier[2]) ein dem Thorit sehr ähnliches Mineral, dem er den Namen Uranothorit wegen seines hohen Urangehaltes gab, der jedoch nicht höher ist, als der Urangehalt des vorhin angeführten, von Nordenskjöld analysierten Arendal-Thorits, dagegen höher als der Gehalt an Uran des Thorits von Brewig. Das neue Mineral stammte aus der Eisenerz-Region von Champlain im Staate New-York, war dunkel rotbraun, hatte gelbbraunen Strich, halbmuscheligen Bruch und Harz- bis glasartigen Glanz. Härte 5, spez. Gew. 4,126. Es ist, wie auch die späteren Forscher annehmen, zweifelsohne identisch mit Thorit.

Colliers Analyse ergab:

SiO_2	19,38
ThO_2	52,07
$U.O_3$	9,96
Fe_2O_3	4,01
Al_2O_3	0,33
PbO	0,40
CaO	2,34
MgO	0,04
Na_2O	0,11
H_2O	11,31
	99,95.

[1]) Transact. of the Roy. soc. of Edinb. 1877, 28. 197-271.
[2]) Journ. Americ. Chem. soc. 2, 73. Zeitschr. f. Kryst. 5, 514.

Ebenso durch einen hohen Urangehalt charakteri-
siert und daher wohl auch mit dem Varietätsnamen
Uranothorit zu bezeichnen, sind die Thorit-Varietäten
von Arendal und Hitterö, welche Lindström[1]) 1882
analysierte.

Dieselben ergaben folgende Resultate:

	Von Arendal:	Von Hitterö:
Kieselsäure	17,04	17,47
Phosphorsäure	0,86	0,93
Bleioxyd	1,67	1,26
Thorerde	50,06	48,66
Yttererden	—	1,58
Ceritoxyde	1,39	1,54
Eisenoxyd	7,60	6,59
Uranoxydul	9,78	9,00
Thonerde	—	0,12
Manganoxydul	Spur	0,43
Kalk	1,99	1,39
Magnesia	0,28	0,05
Kali	—	0,18
Natron	—	0,12
Wasser mit etw. org. Subst.	9,46	10,88
	100,13.	100,20.

Ebenfalls im Jahre 1882 veröffentlicht Nilson[2])
eine Arbeit über Thorit. Er ist der Ansicht, dass der
grössere Gehalt an Uran, wie ihn Nordenskjöld[3]) im
Thorit von Arendal, Lindström[4]) in dem von Hitterö,
und Collier[5]) in dem von Champlain gefunden hat,

---

[1]) Geol. for. Stockholm Förhandl. 5, 270. Groths. Zeitschr.
f. Kryst. 6, 513.

[2]) Oefvers. af. k. Svenska Wet. Acad. Förhandl. 1882, Nr. 7.
Ber. d. Deutsch. Chem. Ges. 15. II. 2519. Gr. Zeitschr.
f. Kryst. 9. 224.

[3]) Geolog. Fören. i. Stockholm Förhandl. III. No. 7.

[4]) Groth's Zeitschr. f. Kryst. VI. 513.

[5]) Groth's Zeitschr. f. Kryst. V. 515.

keine besondere Mineralspezies gegenüber dem Berzeliusschen Thorit von Brewig bedingt, dass vielmehr alle die erwähnten Vorkommnisse als von ein und demselben Mineral Thorit zu betrachten sind. Die Verschiedenheit in dem Gehalt an Uran, Eisen, Blei, Phosphorsäure und Ceritoxyden hängt nach Nilson vielmehr nur von einer Einmischung accessorischer Bestandteile, wie von Apatit, Ferrihydrat und irgend einem Bleimineral ab. Nilson spricht dann auch als erster die Ansicht aus, dass Uranoxydul und Thorerde im Minerale einander in wechselnden Verhältnissen vertreten können. Nach Zimmermanns [1] Untersuchungen des metallischen Urans entspricht das fragliche Oxyd der Formel UO_2, entsprechend der Zusammensetzung der Thorerde. Da nun nach Peligots [2] Berechnungen das spez. Gew. des Uranoxyduls $= 10,15$ und dasjenige der Thorerde nach Nilson [3] $= 10,22$ ist, werden die Molekularvolumina der beiden Oxyde fast durch ein und dieselbe Zahl, ca. 26, repräsentiert, so dass eine gegenseitige Vertretung der genannten Oxyde hiernach leicht angenommen werden kann.

In Uebereinstimmung mit der Ansicht, welche Nordenskjöld [4] 1877 aus mineralogischen Gründen ausgesprochen hat, würde der Thorit von Arendal, Hitterö und Champlain, demnach auch in chemischer Hinsicht nur eine uranreichere Abänderung des seit der Entdeckung durch Berzelius bekannten Thorits von Brewig sein. Diese Annahme findet

[1] Berichte d. Deutsch. Chem. Gesellschaft XV, 847, 1882.
[2] Gmelin Knaut, Handb. d. Chem. II. 2, 875.
[3] Berichte d. Deutsch. Chem. Ges. 15, II, 2536, 1882.
[4] Geolog. Fören i. Stockholm Förhandl. III. No. 7. Grothe's Zeitschr. f. Kryst. 1. 383.

1884 ihre Bestätigung durch Blomstrand[1]), welcher
bei Besprechung der Uranmineralien von Moos die
Ansicht ausspricht, dass auch in den Varietäten des
Uranpecherzes, dem Bröggerit und Cleveït, ThO$_2$ an
Stelle von UO$_2$ eintritt.

Im Jahre 1883 berichtet W. C. Brögger[2]) über
eine neue Fundstätte des Uranothorits, die er bei
Moos in Norwegen entdeckt hat.

Ebenso wurde im Jahre 1883 von G. Woitschach[3])
Orangit bei Königshain in der Oberlausitz derb
zwischen den Zirkonen des Schwalbenberges entdeckt.

Im Jahre 1887 berichtet A. E. Nordenskjöld[4]) von
zwei neuen Fundorten des Thorits in Norwegen. „Im
Glimmerschiefer von Linland bei Lenesfjord, Kirch-
spiel Spangereid, kommt Thorit in grossen Krystallen
vor, schwarz aussehend oder rotbraun, wie der von
Arendal und Hitterö, oder als schön gelb durchschei-
nender Orangit. Er bildet kurze quadratische Säulen
der Kombination ∞ P (110) P (111) mit matten
Flächen, ist äusserst rissig und spröd und infolge von
Umwandlungen öfters isotrop. Alvit und Magneteisen
begleiten den Thorit." Ferner fand Nordenskjöld
am Grenzkap des Hafens Svinör bei Lindesnäs in
grösseren Massen und Krystallen, den vorigen ähnlich
doch meist dunkler. Auch fand er hier Orangit.

Im Jahre 1890 widmet dann W. C. Brögger in
seinem umfangreichen Werke: „Die Mineralien der
Syenitpegmatigänge der Südnorwegischen Augit- und

---

[1]) Geolog. Föreningars Förhandlingar Bd. 7, S. 59, 1884
Journ. f. pr. Chem. 137, 191.
[2]) N. Jahrb. f. Min. 1883. 1. 80.
[3]) Abhandl. der naturf. Gesellsch. zu Görlitz 17, 147.
Groth's Zeitschr. f. Kryst. 7, 87.
[4]) Geol. Fören i Stockholm Förhandl. Bd. IX, S. 26 und
434, 1887. Neues Jahrb. f. Min. 1889, I, 396.

Nephelinsyenite"[1]), dem Thorit und Orangit ein aus-
führlicheres Kapitel. Er zieht darin dowohl aus den
schon angeführten Arbeiten von Breithaupt und Nordenskjöld, wie aus seinen eigenen Beobachtungen den
unzweifelhaften Schluss, dass Thorit mit dem Orangit isomorph sei und dass beide Mineralien nicht
primär sind, sondern aus einem ursprünglichen
doppeltbrechenden Mineral von der Zusammensetzung
Th.SiO$_4$ durch mit Wasseraufnahme verbundene Um-
wandlung hervorgegangen sind, wobei in manchen
Fällen wahrscheinlich erst Orangit, später Thorit gebildet wurde.

In der gleichen Arbeit macht Brögger Mitteilung
von einem thoritähnlichen Minerale, dem er den
Namen Calciothorit beilegt. Er hatte dasselbe schon
länger auf der Insel Låven im Lagesundfjord als ein
in kleinen Körnern spärlich auftretendes, mit schön
weinroter Farbe durchscheinendes Mineral entdeckt.
1884 erhielt er grössere Stücke davon gleichzeitig von
den Inseln Låven und Arö. Brögger beschreibt das
Mineral mit muscheligem Bruch, ohne Spur vor regel-
mässiger Spaltbarkeit. Es war vollständig amorph,
im Dünnschliff isotrop und fast vollständig farblos
und, was die äussere Begrenzung betrifft, immer ohne
Spur von Krystallflächen. Die Härte war 4,5, das spez.
Gew. 4,114.

P. T. Clève hat das Mineral analysiert und giebt
folgenden Gehalt an:

SiO$_2$	21,09
ThO$_2$	59,35
Ce$_2$O$_3$	0,39
Y$_2$O$_3$	0,23

[1]) Band 16. Groth's Zeitschr. f. Krystall. S. 116.

Al_2O_3	1,02
Mn_2O_3	0,73
CaO	6,93
MgO	0,04
Na_2O	0,67
H_2O	9,39
	99,84.

Im Jahre 1891 veröffentlichen Hidden und Mackintosh[1]) noch eine Analyse des Thorit von Landbö, Norwegen, wobei sie sich aber nur auf die Feststellung der Hauptbestandteile beschränken. Ihre Resultate sind:

SiO_2	13,50
ThO_2	52,53
UrO_2	9,90
PbO	1,32
H_2O	11,97

Seitdem wird der Thorit, der in Bezug auf seine technische Wichtigkeit längst vom Monazit verdrängt ist, nur noch einmal vorübergehend 1895 von Schmelk[2]) in der Litteratur erwähnt.

Mineralogische Beschaffenheit des Minerals.

In Bezug auf die Krystallisation ist das Muttermineral des Thorit und Orangit isomorph mit Rutil, Cassiterit und Zirkon. Die Krystalle sind tetragonale Prismen und Pyramiden und haben meist säulenförmigen Habitus.

Die ersten Krystalle von Thorit wurden 1847 von A. Dufrenoy[3]) erwähnt und als reguläre Oktaëder beschrieben; sie wurden an zwei Stufen mit Feldspath,

[1]) Americ. Journ. of Science (Sill) 41, 438, 1891.
[2]) Zeitschr. f. angew. Chemie, 1895, 542.
[3]) Traité d. Min. 3, 579.

Eläolith usw. in der Sammlung der „Ecole des mines" von ihm angetroffen.

Von dem Orangit erwähnt zuerst 1852 Bergemann[1]) vollkommen ausgebildete tetragonale Pyramiden. 1854 beschrieb Dauber[2]) einen etwa 10 mm Durchmesser haltenden Orangit-Krystall von Brewig, welchen er als eine Pseudomorphose nach Feldspath auffasste. Brögger[3]) hält aber diese Auffassung für unrichtig und glaubt, dass ein unvollkommen ausgebildeter Krystall vorgelegen habe. 1856 erwähnt Forbes[4]), 1862 Des Cloizeaux[5]) Krystalle von Thorit und Orangit. Nach der Ansicht von Brögger[6]) kann es sich aber bei beiden nicht um echte Krystalle dieser Mineralien gehandelt haben.

Die ersten echten Krystalle des Minerals sind nach Brögger 1858 von E. Zschau[7]) beschrieben und gemessen worden. Es waren zwei Krystalle von Orangit in tetragonalen, mit Zirkon übereinstimmenden Formen: ∞ P P. das andere P. ∞ P. Zschaus Beobachtungen wurden 1866 von A. Breithaupt[8]) bestätigt, welcher einen der bergakademischen Sammlung von Freiberg zugehörigen Krystall mit denselben Formen des Zirkons beschrieb. Ebenso macht 1870 A. E. Nordenskjöld[9]) Mitteilungen über Orangitkrystalle, welche dieselben Formen aufweisen. Die, wie erwähnt, 1876

[1]) Pogg. Ann. 85, 559.
[2]) Pogg. Ann. 92, 250.
[3]) Groth's Zeitschr. f. Kryst. 16, 117.
[4]) Edinb. new. phil. Journ. 1856, S. 60.
[5]) Man. de Min. S. 133.
[6]) Groth's Zeitschr. f. Kryst. 16, 118.
[7]) Americ. Journ. of Science etc. 2. Sér. 26, 359.
[8]) Min. Studien. Sep. aus d. Berg- u. Hüttenm. Zeit. S. 82.
[9]) Oefvers af Sv. Vet. Akad. Förhandl. 1876, S. 554.

von Nordenskjöld [1]) auf den Pegmatitgängen Arendals entdeckten Krystalle von Thorit waren gleichfalls tetragonale, mit Zirkon übereinstimmende Krystalle von ∞ P (vorherrschend) und P begrenzt.

Aus den von diesen Forschern gemachten Beobachtungen glaubt W. C. Brögger [2]) annehmen zu können, dass sowohl der Thorit als der Orangit beide im tetragonalen System und in Formen, welche mit denen des Zirkons nahe übereinstimmen, krystallisieren. Wie Brögger mitteilt, befinden sich in der mineralogischen Sammlung der Universität Stockholm eine Anzahl Krystalle von Orangit und Thorit, welche die gewöhnlichen Formen des Zirkons erkennen lassen. Nach ihm zeigen die Orangitkrystalle immer die Formen ∞ P. P oder P. ∞ P in Kombination; häufig ist das Prisma vorherrschend. Die Krystalle des schwarzen Thorits zeigen fast immer nur die Grundpyramide P allein. Der grösste Krystall von schwarzem Thorit aus den Gängen des Langesundfjords, welcher von den Aröscheeren stammt, wiegt nach Brögger 50 g und misst 3—4 cm im Durchmesser. Scheerer [3]) hat 1845 aus der Mineraliensammlung zu Christiania einen Thoritkrystall, der 54½ g wiegt, beschrieben, leider giebt er den genaueren Fundort nicht an.

Die nachstehenden Figuren stellen die gewöhnlichen Kombinationen der Orangit- und Thoritkrystalle der norwegischen Gänge nach Brögger dar.

---

[1]) Geol. För i Stockholm Förhandl. 1876 B. III. No. 7.
S. 226/229. Groth's Zeitschr. f. Kryst. 1, 383/84.
[2]) Groth's Zeitschr. f. Kryst. 16, 119.
[3]) Pogg. Ann. 65, 298.

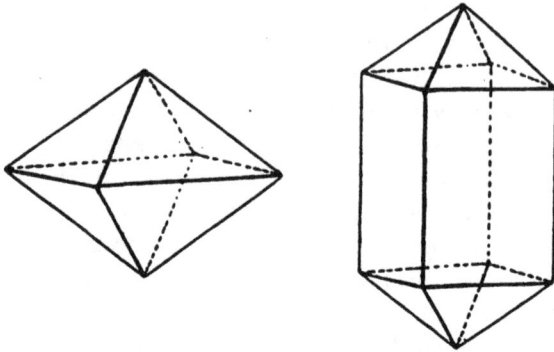

Genaue Winkelmessungen sind bis jetzt noch nicht an Thorit- resp. Orangitkrystallen vorgenommen worden. In Bezug auf den Isomorphismus mit Zirkon führt Brögger weiter aus, dass schon 1858 Zschau[1]) erwähne, dass sein bester Krystall teilweise mit Zirkon bedeckt war, dessen Flächen mit denjenigen des Orangits parallel schienen. Sodann beschrieb 1866 A. Breithaupt[2]) genau dasselbe Verhältnis und giebt an, dass die Flächen beider Mineralien vollkommen parallel miteinander spiegeln. Dasselbe fand Brögger an einem Orangitkrystalle von Arö, bei dem drei Flächen plattenförmig mit Zirkon bedeckt waren.

Spaltbarkeit.

Spaltungsrichtungen, welche an Thorit oder Orangit auftreten, sind nach Brögger immer sekundär. Wie er jedoch weiter ausführt, lehrt die mikroskopische Untersuchung, dass der Thorit ursprünglich eine gute Spaltbarkeit nach ∞ P entsprechend, derjenigen des Rutil, Zirkon und Xenotim, besessen haben muss. Der Bruch ist nach dem gleichen Autor immer muschelig.

---

[1]) Americ. Journ. of Science etc. 2. Sér. 26, 359.
[2]) Min. Studien. Sep. aus der Berg- u. Hüttenm. Zeit. 3. 82.

Die Härte des Minerals ist ca. 4,5.

Das spez. Gew. wird für Thorit und Orangit von den verschiedenen Autoren verschieden angegeben.

Für Thorit:

Berzelius[1] . . . . . . 4,36.

Bergemann[2] 4,686,

Chydenius[3] . . . 4,344—4,397.

Nordenskjöld[4] . . . 4,38.

Collier[5] . . . . . . 4,126.

Lindström[6] . . . . 4,62—4,8.

Clève[7] . . . . . . 4,114.

Für Orangit:

Krantz[8] . . . . . . 5,34.

Bergemann[9] . . . . 5,397.

Damour[10] . . . . . 5,19.

Chydenius[3] . . . . 4,888—4,939—4,980—
5,015—5,031—5,137—
5,205.

Die Farben des Orangit sind nach Brögger sehr verschieden. An den reinsten Varietäten herrscht eine hübsche Orangefarbe, welche durch verschiedene gelbe und braune Nüancen in tiefbraune Farben übergeht. Der Thorit ist gewöhnlich pechschwarz und rötlich- bis bräunlichschwarz, seltener schwarz mit einem

---

[1] K. Vet. Ak. Handl. 1829, St. 1 Pogg. Ann. 16, 392.

[2] Pogg. Ann. 85. 560.

[3] Pogg. Ann. 119. 47.

[4] Geol. För. Förh. B. III. No. 7. 226-229. Groth's Zeitschr. f. Kryst. 1. 383.

[5] Journ. Am. Chem. Soc. 2. 73. Gr. Zeit. f. Kryst. 5. 514.

[6] Groth's Zeitschr. f. Kryst. 6. 513.

[7] Groth's Zeitschr. f. Kryst. 16. 127.

[8] Pogg. Ann. 85. 588.

[9] Pogg. Ann. 85. 561.

[10] Compt. rend. T. 34, p. 685.

Strich ins Grünliche. Der Orangit ist in den schönsten
Varietäten durchsichtig bis durchscheinend mit star-
kem Glasglanz, der Thorit gewöhnlich kantendurch-
scheinend bis undurchsichtig in etwas dickeren Platten
teils mit Glasglanz, teils fettartig glänzend.

Alle Forscher haben beobachtet, dass sowohl der
Orangit, als der Thorit sich nicht, wie die äussere
Form fordert, doppeltbrechend, sondern optisch iso-
trop verhalten.

Brögger [1]) hat eine grössere Anzahl Dünnschliffe
der betreffenden Mineralien auf ihre optischen Verhältnisse hin geprüft. Fast alle Schliffe zeigten sich
aber durch und durch isotrop und er kam zu dem
Resultate, dass selbst die vollkommen frisch aus-
sehenden, orangefarbigen, durchsichtigen bis durch-
scheinenden Orangite durch und durch grösstenteils
in amorphe Substanzen umgewandelt sind. Nur in
einem dunkelbraunen, undurchsichtigen Thorit, welcher orangefarbige Flecken von Orangit eingesprengt enthielt, fand Brögger zwischen amorphen
Substanzen ein dichtes unregelmässiges Netzwerk von
farblosen, doppeltbrechenden Substanzen. In der
Mitte der einzelnen Adern dieses Netzwerkes fand er
zuerst eine feine Spaltenausfüllung von Eisenoxyd-
hydrat, beiderseits von farbloser, doppeltbrechender
Substanz umgeben.

Diese letztere war stark doppeltbrechend und zog
sich von der einen Ader im Präparate zu der
anderen, überall im ganzen Präparate mit derselben
Orientierung. Zwischen gekreuzten Nicols zeigte sich
diese Substanz in konvergentem Lichte optisch ein-
axig und positiv. Aus analogen Verhältnissen bei der
Zersetzung des Zirkons glaubt Brögger schliessen zu

---

[1]) Groth's Zeitschr. f. Kryst. 16. 122-126.

können, dass beim Thorit diese Partieen die ursprüngliche Substanz in spärlicher Erhaltung darstellen.
Brögger nimmt an, dass in diesem einen Falle vielleicht der ursprüngliche Thorit in Resten vorgelegen
habe, während er sonst in allen Fällen nur amorphe
Umwandlungsprodukte desselben gefunden hat.

Chemische Zusammensetzung.

Um die bis jetzt veröffentlichten Analysen besser
vergleichen zu können, habe ich dieselben in der um-
stehenden Tabelle nach ihren Untersuchern, Jahres-
zahlen, Vorkommen und Aussehen des Minerals zusammengestellt.

Autor der Analyse	Berzelius[1]	Berge-mann[2]	Damour[3]	N.J.Berlin[4]	Berge-mann[5]
Im Jahre	1829	1851	1852	1852	1852
Name des Minerals	Thorit	Orangit	Orangit	Orangit	Thorit
Fundort	Lövö bei Brevig	Brevig	Brevig	Biörnö b. Brevig	Brevig
Spec. Gewicht	4,63	5,397	5,19	—	4,686
Farbe	schwarz	gelblichrot bis rot	Orangegelb	—	schwarz
Krystallographische Beschaffenheit	Fettglanz-&Glasglanz Graurot Strich	Blätteriger Bruch	—	—	—
Kieselsäure SiO_2	18,98	17,695	17,52	17,78	19,215
Thorerde ThO_2	57,91	71,247	71,65	73,29	56,997
Eisenoxyd Fe_2O_3	3,40	0,310	0,31	0,96	---
Uranoxyd UO_2	1,61	—	1,13	„	—
Aluminiumoxyd Al_2O_3	0,06	—	0,17	—	—
Cer- und Yttererde	—	—	—	—	—
Manganoxyd Mn_2O_3	2,39	0,214	0,28	—	—
Bleioxyd PbO	0,80	—	0,88	—	—
Kalk CaO	2,58	4,042	1,59	0,92	—
Magnesia MgO	0,36	—	—	—	—
Kali K_2O	0,14	0,803	0,47	—	—
Natron Na_2O	0,10	„	„	—	—
Phosphorsäure P_2O_5	—	—	—	—	—
Wasser H_2O	9,50	6,900	6,14	7,12	9,174

[1] K. Vetensk. Acad. Handling. 1829. St. 1. — Pogg. 16, 392.

[2] Pogg. Ann. 82, 561.

[3] Compt. rend. T. 34. p. 685 (3. Mai 1852) — Recherch. chim sur un nouv. oxyde.

[4] Pogg. Ann. 85, 557.

[5] Pogg. Ann. 85, 560.

J.J. Chydenius[6]	Nordenskjöld[7]	Collier[8]	Lindström[9]	Lindström[10]	Clève[11]	Hidden und Mackintosh[12]
1861	1870	1880	1882	1882	1884	1891
Orangit	Thorit	Uranothorit	Uranothorit	Uranothorit	Calciothorit	Thorit
Brevig	Arendal	Champlainsee	Arendal	Hitterö	Laven & Arö	Landbö Norw.
4,888-5.205	4,38	4.126	4,63	4,8	4,114	—
—	harzbraun fast undurchsichtig	dunkel rothraun	—	—	weinrot	—
—	Tetragonal P. & P. Fettglanz	gelbbraun Strich, halbmuschelBruch Harz b. Glasglanz	—	—	amorph.	—
17,76	17,04	19,38	17,04	17 47	21,09	13,50
73,80	50,06	52,07	50,06	48,66	59,35	52,53
—	7,60	4,01	7,60	6,59	—	—
—	9,78	9,96	9,78	9,00	—	9,90
—	—	0 33	—	0,12	1,02	—
—	1,39	—	1,39	3,12	0.64	—
—	Spur	—	Spur	0,43	0,73	—
1.18	1,67	0,40	1,67	1,26	—	1,32
1.08	1,99	2,34	1,99	—	6,93	—
—	0.28	0,04	0,28	0,05	0,04	—
—	—	—	0,30	0,11	—	—
—	—	0,11	„	„	0,67	—
—	0.86	—	0.86	0,93	—	—
6,45	9,46	11,31	10.88	11,31	9,39	11,97

[6] Kemisk undersökning af Thorjord och Thorsalter. Inaug. Diss Helsingf. 1861. Pogg. Ann. 119, 43.
[7] Geol. Fören. Förhandl. B. 111. No. 7, S. 226—229. — Gr. Zeitschr. f. Kryst. 1, 383.
[8] Journ. Americ. Chem. Soc. 2. 73. — Gr. Zeitschr. f. Kryst. 5, 514.
[9] Geol. För. Stockholm. Förhandl. 5, 270. — Gr. Zeitschr. f. Kryst. 16, 121.
[10] Geol. För. Stockholm. Förhandl. 5. 270. — Gr. Zeitschr. f. Kryst. 6, 513.
[11] Gr. Zeitschr. f. Kryst. 16, 127. — W. C. Brögger, Geol. För. Stockh. Förh. S. 259.
[12] Am. Journ. of Sc. (Sill) 41, 438, 1891.

Wie man sieht, sind die Analysen fast alle aus
älterer Zeit und differiert die Zusammensetzung der
verschiedenen untersuchten Vorkommnisse recht bedeutend.

Den Wassergehalt haben Autoren wie Nordenskjöld [1]), Rammelsberg [2]) usw. wohl mit Recht als sekundär erkannt, d. h. dass der Thorit durch Wasseraufnahme in eine optisch isotrope Substanz über-
gegangen ist.

Für diese Auffassung findet auch Brögger [3])
Anhaltspunkte in den vorhin erwähnten optischen
Untersuchungen. Er nimmt Er nimmt die ursprüngliche Zusammensetzung des reinen Thorit,
ursprüngliche Zusammensetzung des reinen Thorit,
analog dem Zirkon, Rutil, Cassiterit als ThO_2SiO_2 oder
$ThSiO_4$ entsprechend dem von L. F. Nilson [4]) fest-
gestellten Atomgewichte des Thoriums 81,50 ThO_2 und
18,50 SiO_2 an.

Das Uran ist nach Nilson [4]) als Uranoxyd UO_2
an Stelle der Thorerde ThO_2 vorhanden. Diese Annahme gewinnt an Wahrscheinlichkeit durch die
von Blomstrand [5]) an den natürlich vorkommenden
Uranaten ausgeführten Untersuchungen, bei welchen
sich ergab, dass auch hier UO_2 für ThO_2 eintreten kann.
Es entspricht dann auch in den Analysen ein höherer
Urangehalt einem relativ kleineren Thoriumgehalte.
Vielleicht dürfte auch der kleine Bleigehalt auf eine
geringe isomorphe Beimischung von Blei statt Thorium
zurückzuführen sein.

---

[1]) Geol. För. Förenhandl. B. III. No. 7, S. 226-229.
[2]) Handbuch der Mineralchemie I.
[3]) Gr. Zeitschr. f. Kryst. Bd. 16, 121.
[4]) Oefvers. af. k. Sv. Vet. Akad. Förhandl. 1882.
   Ber. d. Dtsch. Chem. Ges. 15. II. 2520, 1882.
[5]) Journ. f. pr. Chem. 137. 200. 1884.

Schon Nilson [1]) hebt hervor, dass im Thorit nicht
weniger als sechs metallische Grundstoffe vorhanden
sind, welche Oxyde nach der Formel RO_2 bilden können, nämlich Thorium, Uran, Cer, Mangan, Zinn und
Blei. In den relativ reinen Orangiten betragen nach
Brögger [2]) die übrigen Bestandteile nur ca. 1 bis 3 %,
nämlich Ca, Al, Na, K, Fe und Mn als Oxyde, welche
er Verunreinigungen zuschreibt.

Noch mehr verunreinigt sind die Thorite von
Brewig, besonders aber die Uranothorite von Arendal,
was Nilson [1]) auf eine Einmischung accessorischer
Bestandteile, wie von Apatit, Ferrihydrat und irgend
einem Bleimineral zurückführt. Brögger macht vor
allem auf die grosse Verunreinigung des Thorits von
Pjelland bei Arendal durch Eisenoxyd aufmerksam.

Mit einem Magnetstab isolierte er aus dem fein-
gepulverten Mineral einen undurchsichtigen Staub,
der sich als mechanisch beigemengtes Magneteisen
erwies. Ja, Brögger glaubt annehmen zu müssen, dass
alle Bestandteile, mit Ausnahme des Thoriums und der
Kieselsäure, Verunreinigungen seien. So sollen Cer
und Yttererden sowie die Phosphorsäure auf Bei-
mischungen von Monazit resp. Xenotim beruhen, die
stets mit Thorit zusammen vorkommen.

---

[1]) Ber. d. Dtsch. Chem. Ges. 15. II. 2519 u. 21. 1882.
[2]) Gr. Zeitschr. f. Kryst. 16. 122.

Specieller Teil.

Da die chemische Zusammensetzung dieser so hochinteressanten und wichtigen Mineralspezies, wie aus der Zusammenstellung der bisher ausgeführten Analysen zu sehen, ausserordentlich verschieden angegeben ist, da ferner die bisher ausgeführten Analysen meist aus einer weit zurückliegenden Zeit stammen, in der die chemische Analyse noch nicht durch die heutigen vorzüglichen Methoden, wie wir sie vor allem Jannasch und seinen Arbeitsgenossen verdanken, vervollkommnet war, so lag der Gedanke nahe, einige neue Analysen nach unseren jetzigen Methoden auszuführen.

Einer Anregung des Herrn Professors Paul Jannasch zufolge habe ich es darum unternommen, einige neue Analysen dieses Minerals auszuführen.

Zur Analyse wurden zwei Mineralien verwendet, die die Christiania Minekompani, das eine als Thorit, das andere als Orangit, geliefert hatte.

Der „Thorit" wog ca. 16 g und zeigte anscheinend quadratische Krystallbegrenzungen (Kombination von Prisma mit einer Pyramide). Die Farbe war braun mit Stich in Braunschwarze, der Bruch muschelig mit Fettglanz. Die Härte betrug ca. 4,5. Parallel zur Basis wurde ein Dünnschliff angefertigt.

Der „Orangit" hatte ein Gewicht von ca. 30 g, war auf Feldspath aufgewachsen und besass sehr lebhaften Fettglanz. Die Farbe war in den centralen Teilen meist rötlichbraun, ging nach aussen hin in orangefarbige bis hellgelbe Töne über. Hauptsächlich in den gelben Partien zeigten sich kleine wasserhelle Stückchen eingesprengt.

Obgleich das Stück keine krystallographische Begrenzung zeigte, wurde doch aus seiner Mitte ein Dünnschliff angefertigt.

Geh.-Rat Professor Dr. Rosenbusch, welcher die grosse Güte hatte, die beiden Schliffe des Thorits und Orangits zu untersuchen, beschreibt dieselben folgendermassen:

„Der Dünnschliff aus O r a n g i t zeigt, von einem unregelmässigen Farbenwechsel zwischen hell orangegelb, weisslich gelb und fast farblos abgesehen, ziemlich vollkommen homogene Beschaffenheit. Die Substanz ist durchaus isotrop: sie wird von zahlreichen grösseren und kleineren Sprüngen durchzogen. Auf den grösseren Sprüngen sind (gelegentlich) dünne Häutchen von Eisenoxyden zu beobachten.

Der Dünnschliff aus sog. T h o r i t parallel der Basis zeigt keine homogene Beschaffenheit. Sekundäre Eisenoxyde sind weit reichlicher vorhanden als in dem Orangit und liegen nicht nur auf Sprüngen und Klüften. Die Hauptmasse des Schliffs ist farblos, aber ziemlich trübe und besteht aus einem regellosen Gemenge einer strukturlosen, isotropen trüberen Substanz und einer wasserhellen schwach doppeltbrechenden, welche bei feinschuppig faseriger Struktur sich zu arabeskenartigen kurzen Zügen ordnet. Es lässt sich feststellen, dass in der Längsrichtung und stets dieser parallel die Axe der grössten optischen Elastizität liegt. Irgend welche Reste von Thorit konnten nicht aufgefunden werden."

Zur Analyse wurde von dem Thoritkrystall einige Bruchstücke aus dem Inneren ausgesucht, die vorher sorgfältig unter einer scharfen Lupe von allen fremden Verunreinigungen gesondert wurden.

Von dem Orangit wurden ebenfalls unter einer scharfen Lupe die gelben, orangefarbigen und die kleinen wasserhellen Partien sorgfältig ausgesucht und zu einer Analyse vereinigt.

Auf die Auslesung des Analysenmaterials wurde eine ganz besondere Sorgfalt gelegt, um ein möglichst von allen Verunreinigungen befreites Produkt zur Untersuchung zu bringen.

Das Mineral löste sich gepulvert leicht in Salzsäure, hingegen nach nur schwachem Glühen, löste es sich auch nicht mehr in Königswasser.

In Bezug auf die Ausführung der Analysen hielt ich mich möglichst an die bewährten Methoden in Paul Jannaschs bekannten Leitfaden der Gewichtsanalyse, jedoch wurden zur Trennung des Urans sowohl von Thorium wie von Eisen einige neue Methoden ausprobiert, welche unten näher beschrieben werden sollen.

Das äusserst fein gepulverte Mineral wurde einige Zeit an der Luft stehen gelassen, um das beim Pulvern abgegebene Krystallwasser wieder aufzunehmen. Sodann wurde dasselbe im Sandexikator[1]) getrocknet, um die aus der Luft mechanisch anhaftende Feuchtigkeit wieder zu entfernen.

Das Mineralpulver wurde genau nach der von Jannasch[2]) gegebenen Methode mit konz. Salzsäure ausgeschlossen. Das Pulver löste sich in wenigen Minuten unter geringer Chlorentwicklung mit gelber Farbe unter Abscheidung eines Schwammes gallertartiger Kieselsäure. Nachdem durch 3—4maliges Eindampfen alle Kieselsäure unlöslich geworden war,

---

[1]) Vergl. Jannasch, Leitf. p. 183.
[2]) „   „   „ p. 181.

wurde abfiltriert. Das Filtrat wurde nochmals eingedampft und unter vorherigem Zusatz konz. Salzsäure scharf getrocknet, um daraus alle etwa noch vorhandene Kieselsäure zu isolieren und der ersten Kieselsäure hinzuzufügen.

Die im Platintiegel verglühte, fast rein weisse Kieselsäure wurde nach Veraschen und Wägen mit 10—15 Tropfen verdünnter Schwefelsäure durchtränkt, darauf in reiner Flusssäure gelöst, diese Lösung verdampft, die restierende Schwefelsäure im Nickelbecher verjagt, der Rückstand geglüht und gewogen [1]), das Gewicht des Rückstandes von dem der Kieselsäure abgezogen und der Rückstand auf seine Bestandteile geprüft.

Im vorliegenden Falle bestand derselbe aus geringen Mengen von Eisen, Thorium und Uran, welche nach der später unten näher zu beschreibenden neuen Methode mittelst salzsaurem Hydroxylamin getrennt wurden.

Das gelbe Filtrat der Kieselsäure wurde, wie unten beschrieben, weiter behandelt.

An dieser Stelle möge erwähnt sein, dass, wenn man das gelbe Filtrat, welches Thorium und alle übrigen Bestandteile enthielt, eindampft, man ein zähes Gummi erhält. Es ist dies offenbar das von älteren Forschern beschriebene Gummi, welches diese als Verbindung des Thoriums mit den Halogenwasserstoffsäuren geschildert haben, eine Angabe, die 1898 von Jannasch [2]) widerlegt wurde, indem derselbe Thoriumbromid als Erster als schön krystallisierte Verbindung darstellte. Jene hatten offenbar stark verunreinigtes Thorium, in welchem noch die übrigen

---

[1]) Jannasch, Leitf. p. 203.
[2]) Zeitschr. f. anorg. Chem. 5, 283.

Bestandteile des Thoritminerals enthalten waren, an-
gewendet, während Jannasch dasselbe vorzüglich gereinigt hatte.

Das Filtrat von der Kieselsäure wurde auf Blei
hin geprüft. Da sich dieses durch Einleiten von
Schwefelwasserstoff nur sehr schlecht entfernen lässt,
so hat Jannasch[1]) eine Methode angegeben, durch
welche dasselbe sehr gut abgeschieden werden kann
und sich glatt filtrieren lässt. Man verfährt nach derselben so, dass man das Filtrat mit verdünntem Ammoniak schwach alkalisch macht, wobei eine klum-
pige Masse ausfällt, sodann 25—30 ccm Ammonsulfit
zusetzt, aufkocht und nach mässigem Ansäuern nochmals aufkocht. Der Sulfitniederschlag kann dann gut
abfiltriert werden. Auch im vorliegenden Falle, wo
es sich um ganz geringe Mengen von Blei handelte,
bewährte sich diese Methode vorzüglich und ihr ist
wohl entschieden der Vorzug zu geben vor anderen
Methoden, wie etwa der von Hintz und Weber[2]),
welche in ihrer Angabe über die Analyse des Thorits
empfehlen, im Falle der Schwefelwasserstoffnieder-
schlag nicht klar filtriert, einige Tropfen einer
Kupferchlorürlösung hinzuzusetzen, um einen grösseren, klar filtrierenden Niederschlag zu bekommen.
Hierdurch wird natürlich eine genaue quantitative Bestimmung des Bleis sehr erschwert, indem man demselben unnötig Kupfer hinzufügt, von dem es doch
später wieder quantitativ zu trennen wäre.

Das Bleisulfid wird mit Salpetersäure oxydiert
und das Blei mit Wasserstoffsuperoxyd und Ammoniak gefällt.[3])

---

[1]) Zeitschr. f. anorg. Chem. 5, 75. Chem. Centralbl. 1893
II. 717.

[2]) Zeitsckr. f. anal. Chem. 1897. 27.

[3]) Jannasch, Leitfaden p. 134.

Im vorliegenden Falle handelte es sich immer nur um geringe Mengen von Blei.

Das angesäuerte Filtrat der Kieselsäure resp. des Bleisulfidniederschlags wurde auf 200 ccm gebracht und heiss mit 50 ccm einer kalt gesättigten Oxalsäurelösung gefällt. Der entstandene Niederschlag von Thoriumoxalat wurde nach zwei- bis dreitägigem Stehen abfiltriert und mit Wasser vollständig ausgewaschen. Das Filtrat wurde nochmals mit Oxalsäure behandelt und der etwa nach längerem Stehen noch entstandene Niederschlag dem ersten hinzugefügt. Diese Niederschläge wurden darauf mit 100 ccm einer kalt gesättigten Ammonoxalatlösung mehrere Stunden auf dem Wasserbade digeriert und nachdem das Volumen auf ca. 300 ccm gebracht war, zwei Tage in der Kälte stehen gelassen. Hierbei hätten sich etwa vorhandene Cerit- und Yttererden als Oxalate ausscheiden müssen, während Thoriumoxalat in Lösung blieb. Die Lösung schied aber keinerlei Niederschlag aus, so dass wohl auf die Abwesenheit dieser Erden geschlossen werden kann. Da das Analysenmaterial sorgfältig gereinigt war, so wird wohl hierdurch die Ansicht von Brögger [1] bestätigt, dass die von Lindström [2] im Thorit von Hitterö und von Nordenskjöld [3] in den von Arendal gefundenen geringen Mengen von Cerit- und Yttererden, sowie von Phosphorsäure, welche von keinem der anderen Untersucher gefunden wurden, auf Verunreinigungen durch Monazit resp. Xenotim, bekanntlich Yttrium und Cerphosphate, zurückzuführen seien, was um so wahrscheinlicher ist, da nach Brögger beide Mineralien an den zahlreichen

[1] Gr. Zeitschr. f. Kryst. Bd. 16, 122.
[2] Geol. För i Stockholm Förhandl. 5, 500. Gr. Zeitschr. f. Kryst. 6, 513.
[3] Gr. Zeitschr. f. Kryst. 1, 383.

Thoritvorkommnissen Arendals und auf Hitterö sehr häufig sind.

Die klare Lösung des Thoroxalates in Ammonoxalat würde erhitzt und mit 6—7 ccm konz. Salzsäure versetzt, wobei alles Thoroxalat wieder ausfiel.

Da das ausgeschiedene Thoroxalat beim Filtrieren leicht etwas trübe durch das Filter läuft, empfiehlt Jannasch [1]) die kochende Lösung mit ebenfalls kochender konz. Salzsäure zu fällen und schliesslich noch zwei Stunden auf dem Wasserbade zu erwärmen. Der Niederschlag filtrierte sich dann, nachdem er zum vollständigen Absetzen noch 1—2 Tage gestanden hatte, sehr gut und wurde mit schwach salzsäurehaltigem Wasser ausgewaschen.

Das Oxalat besass schneeweisse Farbe; es wurde nach dem Trocknen bei 100° im Platintiegel zu Thoriumdioxyd, das ebenfalls schneeweiss war, verglüht und gewogen.

Da das Thoriumoxyd, wie Versuche von Stevens [2]) und anderen ergeben haben, stark hygroskopisch ist, so wurde dasselbe stets in folgender Weise gewogen. Der Platintiegel wurde nach dem Erkalten über Aetzkali auf der Wage abtrariert, hierauf nochmals kurz geglüht und nach dem Erkalten über Aetzkali, nachdem das vorher bestimmte Gewicht vorher auf der Wage angebracht war, rasch durch Verschieben des Reiters genau gewogen.

Im weiteren Verlaufe der Analyse zur Bestimmung von Eisen, Mangan, Aluminium, Kalk, Magnesia, der Alkalien und des Wassers wurde genau nach Jannaschs Leitfaden [3]) verfahren. Es wurde dabei noch besondere Aufmerksamkeit auf die Anwesenheit

---

[1]) Jannasch, Leitfaden, p. 308.
[2]) Zeitschrift f. anorg. Chem. 27, 41.
[3]) p. 206 etc.

von Titan und Zirkon gelegt, indem der Eisenoxyd-
niederschlag nach der von Jannasch[1]) gegebenen Methode genau auf diese Bestandteile geprüft wurde.
Er erwies sich aber als frei davon. Ganz besonderes
Gewicht wurde auch auf eine exakte Trennung von
Kalium und Natrium gelegt, indem diese, was bei
früheren Thorit-Analysen nie geschehen war, genau
nach der bekannten Platinchlorid-Methode[2]) von einander getrennt und für sich bestimmt wurden.

In Bezug auf die Trennung von Eisen und Uran
wurde, nachdem diese von Aluminium mittelst Natron
getrennt waren, nach einer neuen Methode verfahren,
bei welcher dieselben durch Hydroxylamin getrennt
werden. Diese Methode soll unten neben der Trennung von Thorium und Uran genau geschildert werden.

Die Resultate der Analyse waren folgende:

I. Bei dem mit Thorit bezeichneten Mineral.

Es wurden zwei Analysen neben einander ausgeführt.

	I.	II.
Angew. Substanz.	1,0212 g	1,0152 g
SiO_2	17,00	17,02
ThO_2	50,05	50,28
Fe_2O_3	7,82	7,56
UO_2	9,67	9,92
Al_2O_3	0,11	0,13
Mn_2O_3	0,09	0,08
PbO	0,36	0,32
CaO	1,67	1,88
MgO	0,09	0,10
Na_2O	0,32	0,30
K_2O	0,45	0,44
H_2O	11,95	12,05
Summa:	99,58	100,08

[1]) Jannasch, Leitfaden, p. 212-214.
[2]) dto. 219-220.

II. Bei dem mit Orangit bezeichneten Mineral.

Es wurden drei Analysen nebeneinander ausgeführt.

	I.	II.	III.
Angewandte Substanz.	1,1022g	1,0501g	2,0032g
SiO_2	17,62 .	. 17,59 .	. 17,63
ThO_2	69,92 .	. 69,98 .	. 70,02
Fe_2O_3	1,23 .	. 1,20 .	. 1,19
UO_2	1,09 .	. 1,08 .	. 1,09
Al_2O_3	0,79 .	. 0,82 .	. 0,84
CaO	1,07 .	. 1,13 .	. 1,16
Na_2O	0,34 .	. 0,36 .	. 0,37
K_2O	0,42 .	. 0,41 .	. 0,45
H_2O	7,01 .	. 6,95 .	. 6,97
Summa:	99,49	99,52	99,72

Quantitative Trennungen mit salzsaurem Hydroxylamin.

I. Von Thorium und Uran.

II. Von Eisen und Uran.

Die Elemente Thorium und Uran zeigen in ihrem chemischen Verhalten vielerlei Aehnlichkeiten und treten in der Natur, wie bei Besprechung des Thorit-Minerals geschildert, in sehr vielen Fällen in isomorpher Mischung auf.

Auf die grosse Aehnlichkeit von Thorium und Uran, welche sich ja auch durch ihr hohes Atomgewicht nahestehen, sowie auf den häufigen Isomorphismus sowohl in Bezug auf ihr natürliches Vorkommen, als ihrer chemischen Verbindungen machen eine Reihe von älteren Autoren aufmerksam. Es sei hier

nur auf die Arbeiten von Nordenskjöld[1]), Nilson[2]),
Rammelsberg[3]), Hillebrand[4]) und Melville[5]) hierüber
hingewiesen. Vor allem aber weist Blomstrand[6]) in
seiner Arbeit über die natürlich vorkommenden
Uranate auf das häufige gemeinsame Auftreten von
Thorium und Uran in isomorpher Mischung hin. Es
sind darum geeignete chemische Methoden, diese Elemente rasch von einander zu trennen, von Wichtigkeit.

Die nahe chemische Verwandtschaft der beiden
Elemente bringt es mit sich, dass dieselben in Bezug
auf ihre Abscheidung fast denselben Reaktionen unter-
worfen sind. Im Gange der Analyse gehören beide in
die Schwefelammonium-Gruppe und beide sind durch
Ammoniak quantitativ fällbar.

Es lag darum der Gedanke nahe, die von Jannasch[7]) 1893 gemachte Entdeckung zu verwerten,
unter gewissen Bedingungen Ammoniak-Niederschläge
durch Hydroxylaminzusatz überhaupt ganz zu ver-
hindern. Die von Jannasch schon früher bei der Trennung von Quecksilber und Uran[8]) gemachte Beobachtung, dass das Uran die Eigenschaft hat, bei Gegenwart von Hydroxylamin durch Ammoniak nicht gefällt zu werden, veranlasste denselben, mir die Aufgabe zu übertragen, auf Grund dieses Verhaltens eine
Trennung von Thorium und Uran zu bewerkstelligen.

[1]) Geol. För. Förenhandl. B. III. No. 7. S. 226/29.
[2]) Ber. d. Deutsch. Chem. Ges. 15. II. 2520, 1882.
[3]) Ber. d. Dtsch. Chem. Ges. 20. 412c. Sitz. B. d. Ak. d. Wiss. Berlin, 1886, 603.
[4]) Zeitschr. f. anorg. Chem. 3, 249/251.
[5]) Americ. Chem. Journ. 14, 1—9.
[6]) Journ. f. prakt. Chem. 137. S. 191—228.
[7]) Ber. d. Dtsch. Chem. Ges. 26, II. 1786.
[8]) Ber. d. Dtsch. Chem. Ges. 31, 2385. 1898.

Um dieser Aufgabe gerecht zu werden, musste zunächst ausprobiert werden, ob die Fällung des Thoriums mit Ammoniak durch Hydroxylamin nicht verhindert wurde und unter welchen Bedingungen diese Fällung quantitativ ausführbar sei.

Fällungen des Thoriums bei Gegenwart von Hydroxylaminchlorhydrat.

Zur Verwendung gelangte absolut chemisch reines Thoriumnitrat, dessen genauer Prozentgehalt an Thorerde bei den unten näher zu beschreibenden Fällungs-Reaktionen mit organischen Säuren genau auf 47,5 % festgestellt war.

Die gewogene Substanz (0,4 bis 0,5 g) wurde in heissem Wasser gelöst und ungefähr die fünffache Menge Hydroxylamin zugesetzt.

Zu der farblosen Lösung wurden in der Hitze 5—10 ccm konzentriertes Ammoniak hinzugegeben. Da die Gasentwicklung hierbei sehr stark ist, so erscheint die Verwendung eines hohen bedeckten Becherglases für geboten. Es fällt sofort ein weisser, voluminöser Niederschlag von Thorerdehydrat, der einige Minuten aufgekocht wird und sich dann rasch auf dem Wasserbade absetzt.

Der Niederschlag wird nach dem Sammeln auf dem Filter mit heissem Wasser ausgewaschen, getrocknet und im Platintiegel zu Thoriumdioxyd verglüht und als solches gewogen.

Analysen.

	I.	II.
Angewandtes Thoriumnitrat	0,4483 g	0,4177 g
Gefundenes Thoriumoxyd	02,128 g	0,1987 g
Procent Thorium	47,49 %	47,56 %
Bestimmter Gehalt Thoriumoxyd	47,50 %	47,50 %

Die zufriedenstellenden Resultate der Analysen,
sowie die in den eingedampften Filtraten nach-
gewiesene Abwesenheit von Thorium lieferten den Beweis, dass das Thorium in dieser Art quantitativ be-
stimmbar ist, und liessen hoffen, dasselbe auch damit
von anderen Elementen trennen zu können.

Bestimmung des Urans.

Zu dieser Trennung wurde gelbes Urannitrat
$UO_2(NO_3)_2 6H_2O$ benutzt. Um zu sehen, unter welchen Bedingungen das Uran bei Gegenwart von
Hydroxylamin nicht gefällt werde, wurde demselben
die vier- bis fünffache Menge seines Gewichtes an
Hydroxylamin zugesetzt und hierauf ca. 30 ccm konz.
Ammoniak. Die Lösung blieb vollständig klar und es
zeigte sich keine Spur von Niederschlag, auch nicht
bei anhaltendem Kochen. Um den Prozentgehalt Uran
des Salzes festzustellen, dampfte ich die klare Lösung
ein. Nachdem sich das Volumen verringert hatte,
wurde dieselbe in einen gewogenen Tiegel quantitativ
übergeführt.

In diesem wurden durch vollständiges Eindampfen
die Ammonsalze und das Hydroxylamin vorsichtig auf
dem Luftbade und zuletzt auf offener Flamme verjagt, der Rückstand vor dem Gebläse an der Luft
geglüht und zunächst als Uranoxyduloxyd gewogen,
das hernach im Wasserstoffstrome zu Oxydul reduziert wurde. Letztere Operation ist deswegen ratsam,
da die Zusammensetzung des Uranoxyduloxyds nach
Péligot nicht konstant ist.

Sollte der Uranoxydul-Rückstand noch andere
nicht flüchtige Verbindungen eingeschlossen enthalten, so ist derselbe in Salzsäure zu lösen und dar-
nach mit Ammon zu fällen.

Analysen.

	I.	II.
Angewandtes Urannitrat	0,3656 g	0,4160 g
Gefund. Uranoxyduloxyd U_3O_8	0,2047 g	0.2329 g
Gefund. Uranoxydul UO_2	0,1887 g	0,2148 g
Procent Uranoxydul UO_2	51,60 %	51,63 %
der Theorie nach do.	51,66 %	51,66 %

Trennung des Thoriums von Uran.

Zur Ausführung der Analyse wurden etwa 2—3 g des vorher benutzten Thoriumnitrats mit ungefähr der gleichen Menge Urannitrat gemischt und zusammen mit etwa 3—4 g Hydroxylamin in heissem Wasser gelöst.

Hierauf wurde das Thorium, wie oben beschrieben, abgeschieden, die Fällung noch einige Zeit auf dem Wasserbade erwärmt und der Niederschlag abfiltriert.

Bei einer genaueren Untersuchung erwies sich aber die Trennung der beiden Metalle als nicht ganz vollständig, worauf auch schon die etwas gelbliche Farbe des Niederschlags hinwies. Es wurde zunächst versucht, diesem Uebelstande durch Auswaschen des frisch gefällten und filtrierten Thoriumniederschlags vermittelst hydroxylaminhaltigem Wasser abzuhelfen. Diese Behandlung erwies sich aber als unzureichend, da kleine Partikelchen des Niederschlages hierbei durch das Filter liefen. Aus diesem Grunde wurde der Niederschlag mit verdünnter heisser Salzsäure auf dem Filter wieder gelöst und die Ausfüllung des Thoriums ein zweites Mal wie vorher beschrieben vorgenommen. Es genügte aber in diesem Falle der Zusatz von einer nur ganz geringen Menge von Hydroxylamin, um die noch vorhandenen Spuren von Uran nunmehr völlig in Lösung zu erhalten.

Der gesammelte und ausgewaschene Niederschlag wurde, wie oben angeführt, getrocknet, geglüht und gewogen.

Eine genaue Prüfung des resultierenden Thoriumoxydes liess dasselbe als absolut frei von Uran erkennen.

Die beiden Filtrate, welche alles Uran enthielten, wurden vereinigt und wie oben angegeben behandelt.

Analysen.

	I.	II.
Angewandtes Thoriumnitrat	0,2391 g	0,2158 g
Gefundenes Thoriumoxyd	0,1137 g	0,1025 g
Procent Thoriumoxyd	47,52 %	47,49 %
Bestimmter Gehalt an Thoriumoxyd	47,50 %	57,50 %

	I.	II.
Angewandtes Urannitrat	0,3847 g	0,3962 g
Gefundenes Uranoxyduloxyd	0,2153 g	0,2218 g
Gefundenes Uranoxydul	0,1984 g	0,2045 g
Procent Uranoxydul	51,57 %	51,61 %
Theoretischer Gehalt an Uranoxydul	51,66 %	51,66 %

Trennung von Eisen und Uran.

Da Eisen und Uran in der Natur ebenfalls meist gemeinsam auftreten, und ebenso wie Thorium und Uran beide analytisch zur Schwefelammoniumgruppe gehören, sowie durch Ammoniak fällbar sind, so lag der Gedanke nahe, auch diese beiden Elemente durch Hydroxylamin zu trennen.

Die Durchführung dieser Aufgabe war um so erwünschter, als die bisher gebräuchliche Trennung von Eisen und Uran durch Ammoncarbonat sehr wenig genau ausfällt.

Die quantitative Abscheidung des Eisens bei Gegenwart von Hydroxylamin ist schon früher von Jannasch und seinen Schülern ausgeführt worden und

da, wie die oben beschriebenen Versuche gezeigt
haben, das Uran durch Hydroxylamin in Lösung erhalten werden kann, so haudelte es sich darum, die
geeigneten Bedingungen auszuprobieren, unter welchen eine eventuelle Trennung der beiden Elemente
zu ermöglichen sei.

Zur Verwendung gelangte Eisenammoniumalaun
$Fe(NH_4)(SO_4)_2 . 12H_2O$, mit dem zunächst einige
Eisenfällungen bei Gegenwart von Hydroxylamin vorgenommen wurden, wobei sich folgende Methode als
zweckmässig erwies.

Die gewogene Substanz (0,3 bis 0,5 g) wird in
heissem Wasser und ca. 5 ccm konz. Salzsäure gelöst und hierzu Hydroxylamin in ungefähr der fünf-
fachen Gewichtsmenge der abgewogenen Substanz
hinzugegeben. Zu dieser Lösung wurden sodann in
der Hitze vorsichtig ungefähr 25—30 ccm konz. Ammoniak zugesetzt. Da hierbei eine starke Gasentwicklung auftritt, so bedient man sich zweckmässig, um
Verluste zu vermeiden, hoher bedeckter Bechergläser.

Es fällt sofort ein hochroter Niederschlag, den
man zweckmässig einige Zeit auf dem Wasserbade
absitzen lässt und heiss quantitativ filtriert.

Der Niederschlag wird nach dem Auswaschen mit
heissem Wasser getrocknet und zu Fe_2O_3 verglüht,
das als hochrotes Pulver resultiert.

Die Analysen ergeben :

	I.	II.
Angewendeter Eisenammonalaun	0,4753 g	0,5409 g
Gefundenes F_2O_3	0,0785 g	0,0897 g
Ergiebt in Procent	16,51 o/o	16,55 o/o
der Theorie nach	16,58 o/o	16,58 o/o

Das eingedampfte Filtrat ergab die Abwesenheit
von Eisen, so dass also auf diese Weise eine quantitative Fällung desselben gut ausführbar ist.

Trennung von Uran.

Zur Ausführung der Trennung wurden ungefähr 0,2—0,3 g des vorher benutzten Eisenammonalaun mit ungefähr der gleichen Menge des zur Trennung von Thorium schon benutzten Urannitrats in heissem Wasser mit ungefähr 3—4 g Hydroxylamin gelöst.

Hierauf wurde das Eisen, wie oben beschrieben, ausgefällt und der Niederschlag in der gleichen Weise behandelt. In dem geglühten Eisenoxyd liess sich aber noch Uran nachweisen, weshalb ich es als geeignet ansah, ebenso wie den Thoriumuranniederschlag auch diesen Eisenuranniederschlag nochmals in heisser Salzsäure auf dem Filter zu lösen und das Eisen von neuem in derselben Weise zu fällen, wobei aber der Zusatz einer geringeren Menge von Hydroxylamin genügte. Erst dieser Niederschlag wurde nach dem Auswaschen und Trocknen zu Fe_2O_3 verglüht und gewogen. Eine genaue Untersuchung des Glührückstandes liess denselben frei von Uran erscheinen.

Die Filtrate wurden vereinigt und zur quantitativen Bestimmung des Urans, genau wie bei der vorigen Fällung beschrieben, behandelt.

Die Analysen ergaben:

	I.	II.
Angewendeter Eisenalaun	0,3565 g	0,4066 g
Gefundenes Eisenoxyd	0,0593 g	0,0675 g
in Procent	16,63 %	16,60 %
der Theorie nach	16,58 %	16,58 %

	I.	II.
Angewendetes Urannitrat	0,3950 g	0,3674 g
Gefundenes Uranoxyduloxyd	0,2212 g	0,2057 g
Gefundenes Uranoxydul	0,2047 g	0,1896 g
Procent Uranoxydul	51,56 %	51,60 %
Theoretischer Gehalt an Uranoxydul	51,66 %	51,66 %

Ueber die Fällbarkeit von Thornitratlösungen vermittelst organischer Säuren und deren Salze.

In der vorliegenden Arbeit wurden einige Versuche angestellt über die Fällbarkeit des Thoriums durch organische Säuren und deren Salze. Bei diesen Versuchen wurde besonderes Gewicht darauf gelegt, unter welchen Bedingungen und bis zu welchem Grade diese Verbindungen auf Thorsalze fällend wirken. Es wurde darum genau quantitativ festgestellt, wie viel der vorhandenen Thorerde durch das betreffende Reagens gefällt wurde. Haber[1] hat bei Versuchen zur Darstellung von Thoriumsalzen mit organischen Säuren schon auf diese Reaktionen hingewiesen, ohne deren quantitativen Verlauf näher zu verfolgen.

Zu diesen Versuchen diente absolut chemisch reines Thornitrat, das ich zunächst genau quantitativ auf seinen Prozentgehalt Thoriumoxyd prüfte.

Zu dem Zwecke wurden bestimmte Mengen des lufttrockenen Salzes abgewogen, in dem einen Falle mit Ammoniak, in dem andern mit Oxalsäure gefällt und das nach dem Glühen erhaltene Thoriumoxyd gewogen.

Analysen.

I. Mit Ammoniak gefällt.

	I.	II.
Angewandtes Thoriumnitrat	0,9535 g	0,6013 g
Gefundenes Thoriumoxyd	0,4533 g	0,2858 g
Procent Thoriumoxyd	47,54 %	47,53 %

II. Mit Oxalsäure gefällt.

	I.	II.
Angewandtes Thoriumnitrat	0,7545 g	0,8822 g
Gefundenes Thoriumoxyd	0,3584 g	0,4187 g
Procent Thoriumoxyd	47,50 %	47,46 %

[1] Monatshefte f. Chemie 18. 690.

Im Mittel aus diesen vier Bestimmungen resultieren also 47,5 Prozent Thoriumoxyd auf 100 Teile angewandtes Thoriumnitrat.

Mit diesem Thoriumnitrat wurden die Fällungen ausgeführt.

I. Mit Natriumacetat.

Thorium giebt mit Essigsäure keine Fällung, hingegen mit Natriumacetat in der Kälte langsam, in der Hitze rasch einen körnig krystallinischen Niederschlag, der leicht am Glase anhaftet und im Ueberschusse des Fällungsmittels unlöslich ist. Nach Haber[1]) soll die Lösung klar bleiben und erst beim Kochen der Niederschlag sich absetzen, was ich durch meine Versuche nicht bestätigt fand. Der Niederschlag besteht, wie aus den Untersuchungen von Berzelius[2]), Chydenius[3]), Clève[4]) und Urbain[5]) hervorgeht, wahrscheinlich aus Thoriumacetat $Th(C_2H_3O_2)_4$. Haber[1]) glaubt, dass der Niederschlag durch das Kochen in basisches Salz $Th(OH)_2 (C_2H_3O_2)_2 + H_2O$ übergeht.

Beim Glühen im Platintiegel liefert dieser Niederschlag rein weisses Thoriumoxyd, dessen Prozentsatz zum angewandten Thornitrat in den beiden folgenden Analysen quantitativ bestimmt wurde.

	I.	II.
Angewendetes Thoriumnitrat	0,6159 g	0,5638 g
Gefundenes Thoriumoxyd	0,1737 g	0,1563 g
Procent Thoriumoxyd	28,20 o/o	27,81 o/o

---

[1]) Monatshefte f. Chemie 18. 690.
[2]) Pogg. Ann. 16, 385.
[3]) Pogg. Ann. 119, 43.
[4]) Bull. soc. chim (2.) 21.
[5]) Bull soc. chim. (3.) 15, 347. Centralbl. 1896. II. 887.

Im Mittel werden also 28 % Thoriumoxyd gegenüber einem wirklichen Gehalt von 47,5 %, gleich 58,947 % oder rund 59 % der vorhandenen Thorerde durch Natriumacetat gefällt.

II. Fällung mit Weinsäure.

Beim Zusatz von Weinsäure zu Thornitratlösung fällt ein voluminöser colloidartiger weisser Niederschlag, der nach meinen Versuchen in einem grossen Ueberschusse von Weinsäure löslich ist. Hieraus erklären sich wohl die verschiedenen Angaben über Darstellung von weinsaurem Thorium durch Einwirkung von Weinsäure auf Thorsalzlösungen. Chydenius[1]) und Haber[2]) nämlich sprechen von sofort entstehenden, gelatinösen resp. flockigen Niederschlägen, während Clève[3]) sein Thoriumtartrat erst beim Verdunsten einer mit Weinsäure versetzten Thoriumchloridlösung erhielt. Kauffmann[4]) berichtet, dass bei tropfenweisem Zusatz von Thorsalz zu Weinsäure der zuerst gebildete Niederschlag wieder gelöst wird, was sich hieraus ebenfalls erklärt. Es beruht die Löslichkeit vielleicht auf der Bildung einer komplexen Thoriumweinsäureverbindung.

Das weinsaure Thorium geht beim Glühen in weisses Thoriumoxyd über. Die Fällung ist nicht quantitativ, sie wird jedoch durch mehrtägiges Stehen sowie mehrstündiges Kochen stark vermehrt.

Um die quantitativen Verhältnisse genau zu studieren, wurde das Verhältnis der resultierenden Thor-

---

[1]) Pogg. Ann. 119, 45.
[2]) Monatshefte f. Chemie. 18. 690.
[3]) Bull. soc. chim. (2.) 21. 116.
[4]) Inaug. Diss. Rostock 1899.

erde zu dem der vorhandenen genau bestimmt. Es
wurde zunächst ein sofort nach der Fällung filtrierter
Thoriumniederschlag bestimmt. Sodann ein Niederschlag, welcher mehrere Stunden stark gekocht hatte
und schliesslich ein solcher, welcher zwei Tage gestanden hatte, ehe er filtriert wurde.

Es zeigte sich denn, wie aus den erhaltenen Zahlen
zu ersehen, dass in den beiden letzten Fällen der
Niederschlag sich bedeutend vermehrt hatte, wenn-
schon er auch nur 86 % der vorhandenen Thorerde
ausmachte.

Es wurde auch der Versuch angestellt, ob die
Gegenwart von Natriumacetat zur Abstumpfung der
frei werdenden Salpetersäure die Fällung nicht ver-
mehre. Es war dies jedoch nicht der Fall. Natriumacetat verhinderte aber auch nicht die Fällung und
der Niederschlag war ebenfalls im Ueberschusse von
Weinsäure löslich.

Die rein weissen Niederschläge waren ziemlich
colloidartiger Natur und hatten die Neigung, leicht
durchs Filter durchzugehen, was grosse Vorsicht beim
Filtrieren erforderte. Das Filtrat gab mit Ammoniak
oder mit Oxalsäure keine Fällung mehr, was wohl
auch auf die Bildung komplexer Thorium-Weinsäure-
ionen hindeutet.

Die mit verschiedenen Niederschlägen ange-
stellten Analysen ergaben folgende Resultate:

I. Die Thornitratlösung wurde mit ca. 5 ccm Weinsäure versetzt und der erhaltene Niederschlag sofort
abfiltriert.

Es ergaben:

    0,6006 g angewandtes Thoriumnitrat
    0,1928 g Thoriumoxyd, gleich
    32,10 % des Nitrats oder
    67,57 % der vorhandenen Thorerde.

II. Der heiss gefällte Niederschlag wurde mehrere Stunden stark gekocht.

Es ergaben:

0,5013 g angewandtes Thoriumnitrat

0,2046 g Thoriumoxyd, gleich

40,81 % des Nitrats oder

85,91 % oder rund 86 % der vorhandenen Thorerde.

III. Der heiss gefällte Niederschlag wurde ca. eine halbe Stunde gekocht und zwei Tage stehen gelassen.

Es ergaben:

0,5986 g angewandtes Thoriumnitrat ,

0,2366 g Thoriumoxyd, gleich

39,52 % des Nitrats und

83,2 % der vorhandenen Thorerde.

III. Füllung mit weinsaurem Ammon.

Auch weinsaures Ammonium fällt aus Thoriumnitratlösung einen dicken weissen Niederschlag, der aber nur 33,09 % der vorhandenen Thorerde enthält. Eine mit dem Niederschlag angestellte Analyse ergab:

0,6348 g angewandtes Thoriumnitrat ergaben

0,0998 g Thoriumoxyd, gleich

15,72 % des Nitrats oder

33,09 % der vorhandenen Thorerde.

IV. Füllung durch bernsteinsaures Ammon.

Bernsteinsäure fällt aus Thornitratlösung keinen Niederschlag. Hingegen fällen die Salze dieser Säure aus saurer Lösung sehr voluminöse, weisse Niederschläge. Dieselben sind, wie die nachfolgenden Analysen zeigen werden, quantitativ.

Sie lösen sich nicht im Ueberschuss des Fällungsmittels und lassen sich im Gegensatz zu den vorbeschriebenen Niederschlägen leicht filtrieren, ohne
durchs Filter zu laufen.

Die Fällung mit bernsteinsaurem Ammon wurde
in folgender Weise ausgeführt: 5 g Bernsteinsäure
wurden in Wasser gelöst und diese Lösung mit Ammoniak genau neutralisiert. Von dieser Flüssigkeit
wurden 20 ccm heiss in eine schwach kochende Lösung
von Thornitrat gegossen. Es bildete sich sofort ein
voluminöser weisser Niederschlag, welcher sich heiss
gut filtrieren liess und nach dem Auswaschen und
Trocknen im Platintiegel zu Thoriumoxyd verglühte.

Es ergaben in zwei Analysen:

	I.	II.
Angewandtes Thoriumnitrat	0,6352 g	0,9044 g
Gefundenes Thoriumoxyd	0,3017 g	0,4281 g
Procent Thoriumoxyd	47,49 %	47,32 %
Bestimmter Gehalt an Thoriumoxyd	47,50 %	

V. Fällung mit bernsteinsaurem Natrium.

In der gleichen Weise wie mit bernsteinsaurem
Ammon wurde mit einer heissen Lösung von bernsteinsaurem Natrium ein dem vorigen gleich aussehender
Niederschlag erzielt. Derselbe erwies sich als fast
quantitativ und konnte in der durch Glühen desselben
erhaltenen Thorerde ebenso wie bei der gleich zu beschreibenden Fällung mit bernsteinsaurem Kali nach
gründlichem Auswaschen des Niederschlages kein
Alkali nachgewiesen werden.

Die Analysen ergaben:

	I.	II.
Angewandtes Thoriumnitrat	0,6970 g	0,8247 g
Gefundenes Thoriumoxyd	0,3296 g	0,3878 g
Procent Thoriumoxyd	47,27 %	47,02 %
Bestimmter Gehalt an Thoriumoxyd	47,50 %	

VI. Fällung mit bernsteinsaurem Kalium.

Eine ganz gleiche Fällung wie bernsteinsaures Natrium ergab das Kaliumsalz.

Die Analysen ergaben:

	I.	II.
Angewandtes Thoriumnitrat	0,4762 g	0,8067 g
Gefundenes Thoriumoxyd	0,2269 g	0,3798 g
Procent Thoriumoxyd	47,48 %	47,08 %
Bestimmter Gehalt an Thoriumoxyd	47,50 %	

Der Uebersichtlichkeit halber werden die Reactionen in
nachstehender Tabelle zusammengestellt.

Reagens	Aussehen der Füllung	Behandlung des Niederschlags	Vollständigkeit der Füllung	Fällt an Procent der vorhanden. Thorerde
Natriumacetat	weisser, körnig krystallinisch. Niederschlag	Einige Zeit kochen und heiss abfiltriert	unvollständig	59 %
Weinsäure	weisser, voluminöser colloidartiger Niederschlag	Niederschlag sofort abfiltriert	unvollständig	67,5 %
Weinsäure	weisser, voluminöser colloidartiger Niederschlag	Niederschlag mehrere Stunden stark gekocht	unvollständig	86 %
Weinsäure	weisser, voluminöser colloidartiger Niederschlag	Niederschlag $\frac{1}{2}$ Stunde gekocht und 2 Tage stehen gelassen	unvollständig	83,2 %
Weinsaures Ammon	weisser, dicker. schwerer Niederschlag	einige Zeit kochen und heiss abfiltrieren	unvollständig	83,1 %
Bernsteinsaures Ammon	weisser, voluminöser Niederschlag	sofort heiss filtriert	quantitativ	99,9 %
Bernsteinsaures Natrium	weisser, voluminöser Niederschlag	sofort heiss filtriert	quantitativ	99,5 %
Bernsteinsaures Kalium	weisser, voluminöser Niederschlag	sofort heiss filtriert	quantitativ	99,9 %

Meine academischen Lehrer waren die Herren Professoren und Dozenten:

In Bonn: Clemen, Cosack, Curtius, Foerster, von der Goltz, Gothein, Kayser, Noll, Pohlig.

In Berlin: von Buchka, Fischer, Gabriel, Grunmach, van't Hoff, Jahn, Liebermann, Piloty, Raps, Rosenheim, Traube, Wichelhaus.

In Zürich: Abeljánz, Kleiner, Schinz, Werner.

In Heidelberg: Curtius, Jannasch, Quincke, Precht, Rosenbusch, Salomon, Thode.

www.ingramcontent.com/pod-product-compliance
Lightning Source LLC
Chambersburg PA
CBHW031445180326
41458CB00002B/649